KB209198

왬! 라스트 크리스마스

WHAM! LAST CHRISTMAS

WHAM!
LAST CHRISTMAS

왬! 라스트 크리스마스

앤드류 리즐리 지음
김희숙 · 윤승희 옮김

마르코폴로

가장 소중한 내 친구를 기억하며 이 회고록을 바칩니다.

내가 정말 하고 싶었던 단 한 가지를 함께한 친구였고,

그 일을 함께할 수 있을 거라 여겼던 단 한 사람이었습니다.

차례

제2부
세계 최고의 밴드가 되다!

서문

기나긴 작별

1986년 6월 28일 토요일.

조지를 기다렸다.

나는 항상 조지를 기다렸다. 이번에는 침착하게 내 등장순서를 알리는 '큐' 사인에 귀를 기울이며 웸블리 경기장 무대 뒤에 서서 기다리고 있었다. 기다리고 기다리고 또 기다리는 중이었다. 태양은 경기장의 낡고 거대한 쌍둥이 탑 아래로 녹아내리고 수만 관중은 둥글게 에워싼 경기장 객석 저 멀리서 반짝이고 있는 듯했다. 객석 아래 그라운드에 모인 이들은 밝은 색깔의 물결로 흔들리고 있었다. 10대 소녀들은 집에서 만들어온 배너와 깃발을 흔들었다. 아이들과 연인들, 가족과 친구들이 함께 와서 신이 나 소리를 지르는 동안 카메라 플래시가 터졌다. 72,000명의 팬이 <더 파이널>에 모여 있었다. 조지와 내가 항상 밝고 짧게 불태우자고 했던 젊고 희망차고 발랄한 팝 밴드 웸!의 고별 콘서트에 말이다.

1982년 첫 음반을 발매하고 4년이 지난 당시에도 웸!은 라디오와 언론과 TV에서 여전히 거물이었다. 「스매시 힛츠」나 「저스트 세븐틴」 같은 잡지에서 뜯어낸 나와 조지의 포스터는 수백만 10대들의 침실에 벽지처럼 붙어 있었었고, 연예 칼럼니스트들은 웸!의 뉴스와 소문이라면 자투리 하나까지 거품을 물고 떠들었다. 그러나 우리의 성공이 절정에 이르렀을 때, 두 장의 스튜디오 앨범과 전 세계에서 1위를 휩쓴 수많은 싱글 히트곡을 낸 지금, 우리는 바로 그 노래와 쇼, 이야기에 주목했던 사람들과 작별을 고하려던 참이었다.

이제 모든 이들이 마지막 쇼가 시작되기를 기다리고 기다리고 또 기다리고 있었다.

내가 너무나 잘 알고 있는 순서였다. 조지는 무대 위에서 두 팔을 활짝 벌리고 윔블리 1열까지 연결한 캣워크를 따라 관중을 향해 걸어가고 있었다. 지금은 그의 시간이었다. 머리부터 발끝까지 가죽과 데님이 섞인 검은 옷차림, 머리칼을 뒤로 넘긴 얼굴에 일부러 남겨둔 짧은 수염, 조지의 제스처와 신호 하나하나가 청중과 주고받는 소통의 도구가 되었다. 조지가 관객을 향해 움직이면 객석에서는 넋을 잃었다. 조지는 양옆에 선 댄서 두 명과 함께 '에브리싱 쉬 원츠'의 반주음악, 그 화려하고 연극적인 도입부의 쿵쿵대는 사운드에 맞춰 동작을 취하며 빙빙 돌았다. 조지는 결혼 생활을 냉소적으로 묘사한 이 곡을 무대에서 즐겨 불렀다. 이 곡을 쓰던 당시, 우리는 아직 독신이고 책임에 묶일 일이 없는 젊은이들이었는데도 말이다. 그는 소란한 웸블리 파티장 가장 먼 객석에 있는 팬들에게 손을 흔들었다.

조지는 관객을 등지고 서서 무대를 유혹적으로 가리켰다. 마이크는 아직 입술에 닿지 않은 채였다. 노래는커녕 한마디 말도 없었지만, 다들 그의 다음 동작을 간절히 기다리고 있었다. 내가 너무나 잘 알고 있는 긴장감이었다.

왜냐하면 나 역시 오랫동안 조지를 기다려왔기 때문이다.

나는 조지가 쇼를 앞두고 매직기로 머리칼을 펴며 단장하는 동안 한없이 기다리곤 했다. 불필요하게 성가셔 보이는 의식이 진행되는 동안 헤어스프레이와 그슬린 곱슬머리의 매캐한 냄새에 움찔하며 때로는 몇 시간이고 기다렸다. 우리가 유명해질수록 조지의 외모는 매우 중요한 문제가 됐다. 1984년 '케어리스 위스퍼'의 뮤직비디오를 찍기 전, 조지는 심지어 자신의 곱슬머리, 습기로 주체할 수 없는 곱슬 덩어리가 된 머리칼 때문에 '셜리 배시'처럼 보인다고 불평할 정도였다. 결국 스타일리스트인 조지의 여동생 멜이 런던에서 촬영지인 마이애미까지 지구 반 바퀴를 날아와서 조지의 머리를 그가 바라는 바대로 만들어줬다. 멜의 청구서에는 항공료와 스타일 비용으로 1만 프랑 이상이 적혀 있었다.

또한, 조지에게 음악적 영감이 떠오를 때면 나는 그가 작업을 마칠 때까지 기다리곤 했다. 그가 세세한 부분까지 엄격하게 신경쓰며 끙끙대던 스튜디오에서 기다리기도 했고, 집에 함께 있다가 갑자기 멜로디 큐나 보컬 훅에 사로잡혀 몇 시간이고 사라지면 그대로 남아서 기다리기도 했다. 그의 번득이는 천재성은 종종 이런 식으로 드러났다. 가장 기억에 남는 장면은 1984년 2월 어느 일요일 오후, 조지의 부모님 댁 거실에서 쉬고 있을 때다. 텔레비전에서는 빅 매치•가 나오고 있었지만 조지의 마음은 축구가 아닌 다른 것에 꽂혀 있었다.

"잠깐만." 조지는 소파에서 펄쩍 뛰듯이 일어나 위층으로 사라졌다.

한 시간도 더 지나 돌아온 조지는 득의양양한 미소를 환하게 짓고 있었다.

"오, 앤디. 위층으로 가자, 이걸 들어봐야 해…." 그는 4트랙 녹음기로 '라스트 크리스마스'라고 대충 이름 붙인 노래의 기본 편곡과 멜로디 작업을 마치고 나서, 자신이 무언가 특별한 걸 작곡했음을 인지하고 흥분했다. 이 데모곡은 가슴 아픈 발라드로 완성되는데, 이후 가장 인기 있는 크리스마스 싱글이 되지만 1위에는 오르지 못했던 노래였다. 오, *그 통계 때문에 조지가 얼마나 속상해했던가.* '라스트 크리스마스'는 계속 인기를 누리면서도 봅 겔도프, 유투, 듀란듀란, 스팅, 폴 웰러 등과 조지 자신이 참여한 밴드 에이드 자선 싱글의 1위 독주를

• The Big Match: 1968~1992년에 걸쳐 정기 방영되던 영국의 축구 프로그램 - 역주

꿔지는 못했다. 조지는 자선 음반의 성공을 시기하진 않았지만 그래도 몹시 안달이 났을 것이다. 평생에 걸쳐 조지가 안타까워했던 일은, 싱글곡이 히트해도 청중과 동료들이 그의 작곡솜씨를 인정할 뿐 최고의 곡으로 꼽아주지는 않는다는 점이었다. 그러나 그날 그의 침실에서, 십대 시절 방과 후면 함께 음악 차트 상위 40위권을 분석했던 바로 그 침실에 앉아 조지의 신디사이저에 녹음된 기본 트랙을 듣던 순간, 나는 머리속이 환해졌다. 고음에서 흥얼대는 코러스는 누구라도 기억할 멜로디였다. 조지는 크리스마스의 핵심을 포착해서 실연의 아픔을 가사에 담았다.

또한, 나는 기다렸다. 조지가 유쾌하면서도 이따금 내성적이었던 10대 소년 게오르기오스 파나요투(Georgios Panayiotou)에서 요그(Yog)로 변모하고 (요그는 부시 미즈 중학교에서 급우로 만나자마자 내가 붙여준 별명이다), 다시 싱어송라이터이자 성장기 이후 내 가장 소중한 친구인 조지 마이클로 변모하는 동안 그를 기다렸다. 세상의 주목을 받기 위해 치열하고도 예측 불가능한 여정을 시작하면서 우리의 유대감은 더욱 끈끈해졌다. 조지는 우리 세대를 정의하는 목소리 중 하나로 진화했다. 그러나 여러 싱글 히트곡을 만들던 80년대의 조지는 여전히 자신의 정체성을 찾고 있다는 느낌이 있었다. 그의 성 정체성은

'왬!'의 이너서클만 아는 비밀이었는데, 젊은 게이 남성으로서 살아가는 매우 사적인 삶과 10대들의 핀업과 타블로이드 주인공이라는 공적 위치 사이에는 커다란 간극이 있었다. 나중에 조지는 사적인 개인과 공적인 인격, 양쪽에서 서로 당기는 인력 때문에 정신건강이 위협받을 때도 있었다고 말했다. 이 모든 시절 내내 나는 조지에게 한결같은 존재였고 그는 여러 해를 함께한 나의 가장 친한 친구였다. 그러나 그의 개인적 운명은 우리 둘 사이를 넘어서는 것이었다. 웸블리에서 열린 왬!의 마지막 쇼를 끝으로 조지를 기다리던 나의 기다림은 끝나가고 있었다.

또한, 내 인생의 야망이 달성되면서 나의 여정도 끝나가고 있었다.

나는 캣워크를 향해 발을 내디뎠다. 백싱어인 헬렌 '펩시' 드메이크와 셜리 홀리맨이 옆에서 함께 움직였다.

웸블리의 환호성이 점점 더 커지면서 비명에 귀가 먹먹해질 정도였다. 터지는 조명과 밀려드는 군중을 향해 걸어가는데 앞줄에서 산발적으로 지르는 목소리들이 들렸다. "앤드류!", "사랑해요, 왬!" 그러나 그 너머로는 백색소음뿐이었다. 히스테리가 나를 둘러싸는 것을 느끼며 무대 가장자리에서 멈췄다. 세계 어느 무대에 오르건 나는 팬들의 반응에 적응하기 어려웠다. 우리 음악을 둘러싼 팬덤을 내가 당연하게 여기거나 정색하고 받아들인 적은 거의 없었다. 비명을 지르는 소녀들, 사인을 받으러 따라다니는 사람들, 파파라치들, 이 모든 것이 초현실적이고 이상했다. 결과적으로 우리의 모든 공연은 흥겨움을 위한 것이었다. 조지와 나는 우리의 공연이 게임이라는 것을 알고 있었고 항상 청중이 사랑하는 흥겨운 에너지를 주기 위해 노력했다. 그것이 바로 '왬!'의 브랜드였다.

그러나 착착 준비가 진행되는 몇 주 동안 '왬!'의 마지막 쇼 '파이널'은 거의 종교 행사 비슷하게 묘사되었다.

팬은 복사•로 불렸고 왬!은 이콘(성상)으로 불렸다. 초기에 무대에 선 우리 모습은 장난기 많고 건방진 모습이었으며, 우리 쇼는 지나치게 짧은 반바지와 크롭 티셔츠로 헤드라인을 장식했다. '클럽 트로피카나'와 같은 노래들의 프로모션 비디오는 청춘의 쾌락주의가 내뿜는 즐거움을 장난스럽게 긍정하고 있었다. 하지만 웸블리에서는 열기에 걸맞은 극적인 분위기를 만들기 위해 평소 우리가 보여주던 활기찬 무대 이미지를 피하고 보다 무거운 톤으로 가기로 했다. 조지는 블랙 스키니진을 입고 가죽 부츠를 신었다. 라인석이 번쩍이는 벨트와 깃을 세운 재킷에는 술 장식이 달려 있었다. 내가 입은 검은색 의상도

• 미사를 시중드는 사람 - 역주

KODAK TX 5063
27
27A
26
26A

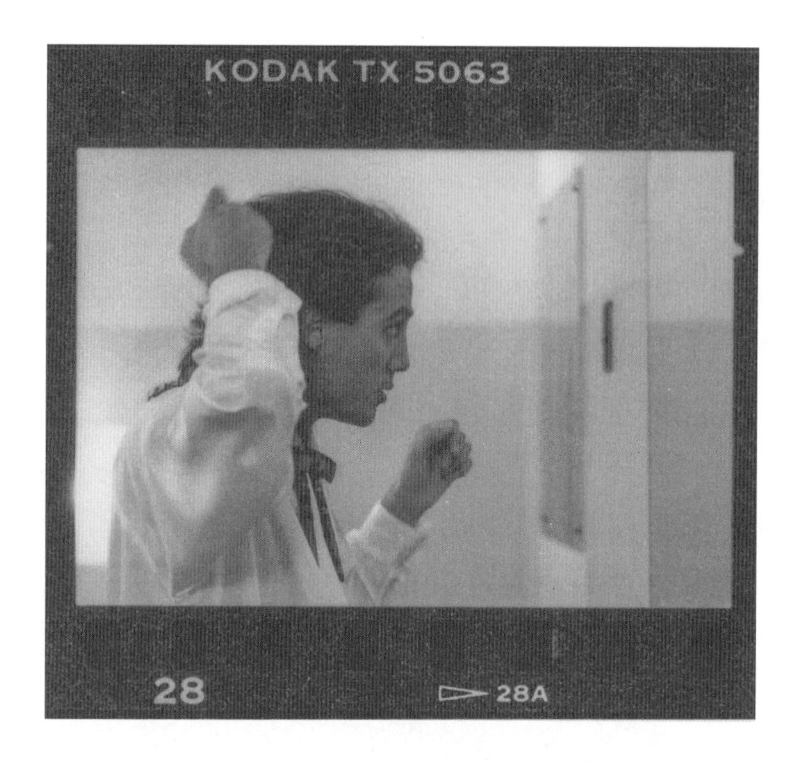

요란하기는 마찬가지였다. 펩시와 셜리의 도움을 받으며 트렌치코트를 벗어 던지자 안에 입고 있던 하이컷에 술 장식이 달린 투우사 스타일 재킷이 드러났다. 재킷에는 부틀레이스 타이에 번쩍이는 벨트가 달려 있었다. 나는 웃지 않으려고 애쓰면서 손가락을 하나하나 천천히 놀리며 장갑을 벗어 무대에 떨어뜨렸다. 셜리가 건네주는 기타를 어깨에 걸쳤다. 쇼타임이었다.

웸블리는 우리가 공연해 본 적이 있는 장소라서 주변이 낯설지는 않았다. 1년 전, 라이브 에이드 공연에서 조지가 노래할 때 내가 백 보컬을 맡은 적이 있었다. 그 공연은 1984년 밴드 에이드의 크리스마스 싱글과 같은 방식이었다. 에티오피아 기근 치유를 돕기 위한 자선 공연이었는데 수백만 파운드가 모금되었다. 그날은 거의 축제 같은 분위기였다. 우리의 '파이널' 무대도 전 세계 곳곳에서 수만 명이 런던으로 모여들면서 특별하고도 유일무이한 감정이 더해졌다. 이는 영국 음악사에서 매우 화려했던 한 장(章)의 마지막을 장식하는 공연이었다.

왬!에게 작별을 고할 시간이 다가왔다.

우리는 마지막으로 히트곡을 총망라하며 연주했다. '클럽 트로피카나', '배드 보이즈', '천국의 가장자리', '왬 랩', '케어리스 위스퍼', '프리덤'. 멀리까지 퍼져있던 윔블리 관중은 거대한 웅덩이에 모인 사람들 같았다. 함께 노래하고 춤추면서 밀려왔다 밀려가는 모습은 마치 밀물과 썰물이 오가는 듯했다. 우리는 마지막 파티인 이번 공연에 몇 가지 깜짝쇼를 넣기로 했는데, 그중 하나가 엘튼 존의 카메오 출연이었다. 엘튼 존은 히트 싱글 '캔들 인 더 윈드'의 리메이크 버전으로 공연에 동참해주었다. 늘 우리 둘의 마음을 움직였던 노래로 앨튼의 앨범 <굿바이, 옐로우 브릭 로드>에서 단연 돋보이는 곡이었다. 이 앨범은 우리들 우정의 토대가 되어준 많은 음반들 중 하나였다. 조지는 별로 힘들이지 않으면서도 노래의 멜로디를 아름답게 전달할 수 있었다. 그는 자신을 무엇보다 작곡가라고 여겼지만 나는 항상 그가 가진 가장 위대하고 감동적인 표현 형태는 바로 목소리라고 생각했다. 어린 시절부터 목소리는 그만의 남다른 악기였는데, 내 보기에 당시 보컬리스트로서 조지와 견줄 만한 사람은 프레디 머큐리밖에 없었다.

물론, 조지와 엘튼의 합동공연은 이번이 처음은 아니었다. 라이브 에이드에서 조지는 엘튼과 함께 듀엣 곡 '돈 렛 더 선 고우 다운 온 미'를 불렀고, 조지의 탁월한 보컬 반주를 엘튼의 밴드가 맡아줬다. 그때보다 1년 전인 1984년, 우리가 새 앨범을 녹음할 때 이미 조지와 엘튼은 만난 적이 있었다. 당시 조지와 나는 남프랑스의 녹음 스튜디오 샤토 미라발에 있었는데, 런던의 소속사에서 전화가 왔다. 뜻밖의 초청장이 회사 데스크에 도착한 것이 분명했다.

"어, 조지, 앤드류! 엘튼 존에게 연락이 왔어요. 점심 식사를 함께할 수 있는지 물어보네요." 우린 둘 다 놀랐다. 뭐라고! 엘튼 존과 점심을? 너무나 비현실적인 제안에 믿어지지 않는 행운이었다. 며칠 후, 살짝 긴장하며 차를 몰고 호스트를 만나러 갔는데, 엘튼은 우리를 보자마자 유쾌하고 너그럽고 몹시 친절하게 대해주면서 오후의 식사와 술자리를 시작했다. 진수성찬으로 유명한 엘튼의 환대야 익히 들어 알고 있었지만, 당시

겨우 21살이었던 부시 출신의 두 소년에게는 상당히 주눅드는 경험이었다. 식사 자리에서 엘튼의 위트는 속사포처럼 터졌다. 햇볕이 잘 드는 파티오가 우아하게 배경이 되어주는 호화로운 잔칫상 저편에서 재판을 주재하던 엘튼은 신랄하기도 했다. 그러나 모든 것은 우리를 환대하기 위해 잘 준비되었고, 와인이 오가다 보니 실제 식사 자리는 오기 전에 염려했던 것보다 훨씬 편안했다. 우리는 이야기를 나누며 농담을 주고받았다. 분위기가 너무 편안하고 자연스러워서 이따금 호스트가 얼마나 유명인사인지 잊을 정도였다.

분위기가 좋아서 점심 식사가 저녁까지 길어지다가 인근 나이트클럽으로 자리를 옮겼다. 거기서 엘튼의 작곡 파트너인 버니 토핀도 파티에 합류했다. 이미 다들 상당히 취한 상태였다. 누군가 여배우 조앤 콜린스의 요트가 생-트로페 항구에 정박했다고 말했다. 파티장을 나가면서 술과 다소 선정적이던 영화 〈스터드〉의 기억에 고무된(영화에서 조앤은 색정광인 나이트클럽 주인을 연기했다) 조지는 항구를 향해 "조앤! 속바지•를 보여주세요!"하고 소리쳤다. 평소에는 하지 않던, 조지답지 않은 저속한 돌출발언이었다.

그러니 2년 후 또 다른 왬! 파티가 마무리될 즈음 엘튼이 우

• knickers: 블루머처럼 무릎아래에서 묶는 헐렁한 여성용 속옷 - 역주

윔블리 경기장 무대 뒤에서 엘튼과 함께, 1986년 6월 28일.

리와 함께 등장하는 것은 너무나 당연한 일이었다. 우리의 첫 번째 히트곡인 '영 건즈(고 포 잇!)'와 사람들을 댄스 플로어로 부르는 조지의 독보적인 '웨이크 미 업 비포 유 고고'가 끝나자 앙코르 요청이 막무가내로 이어져 '아임 유어 맨'까지 부르게 됐다. 듀란듀란의 사이먼 르 본이 무대로 올라와 백보컬을 맡았다. 음악이 사라지고 칠만 이천 명의 시끄러운 목소리가 주위에 메아리칠 때, 우리는 마지막으로 그 떠들썩함을 함께 즐겼다. 둘이 처음 학교를 떠날 때는 상상도 못했던 많은 경험을 함께 나눴다. 그때 이후 매시간을 우리는 서로 의지하며 지냈다.

그런 점에서 웸블리는 찬란하면서도 시원섭섭했다. 한편으로 나는 대규모의 팝 밴드 생활에 따라다니던 시선에서 벗어날 수 있어 기뻤다. 항상 왬!을 둘러싸던 서커스에 나는 지쳐 있었다. 과도한 흥분과 히스테리가 지나치게 커지면서 영국 언론과의 관계는 적대적이 되었다. 조지와 나를 둘러싼 온갖 소동과 소문에 작별 인사를 하는 것은 어려운 일이 아니었지만, 이제 다시는 함께 '왬!'으로 공연할 일이 없을 거라고 생각하자 서글픈 마음이 들었다. 우리는 함께 성장했고, 두 사람이 하나라는 이런 느낌 때문에 팬들의 마음에 더 가까이 다가갈 수 있었다. 우리는 *형제애*로 끈끈하게 이어진, 떼려야 뗄 수 없는 듀오였다. 그러나 그런 우정이라 해도 늘 좋기만 한 건 아니었다.

우리가 가깝게 지내는 동안 나와 제일 친한 친구는 두 사람이었다. 왬! 이전의 요그와 왬! 이후의 조지. 13살 때 처음 만난 이후로 내내 나의 가장 친한 친구였던 모범생, 내가 음악적 슈퍼스타가 되려고 첫걸음을 내딛던 초기에나 그 이후에도 옆에 있어주기를 바랐던 그 소년은 이제 스스로 만든 캐릭터, '조지 마이클'이 되어 최고의 팝 듀오 멤버에서 야망과 창의적인 방랑벽이 넘치는 솔로 스타로 나아가려 했다. 왬!의 마지막 콘서트를 할 즈음에는 두 번째 변신이 완성 가도를 달리는 중이

었다. 1987년 솔로 앨범을 발표하면서 조지는 더 큰 스타덤에 올랐다. 그러나 그는 대중적 이미지 아래 숨겨진 진실을 밝히려는 고투와 자신의 성 정체성으로 인해 빚어진 혼란에 괴로워했다. 이러한 긴장은 나중에서야 더 공개적으로 드러났던 것으로 보인다.

왬! 시절에나 그 이후에나 우리 둘의 유대감은 참되고 진실했다. 영국 대중은 영국 역사에서 상당히 힘든 시기였다고 회고되는 그 시절에 우리의 편안한 관계를 유쾌하게 여겼던 듯하다. 처음 '왬랩'을 부를 때부터 우리는 실직하고 낙심한 마음을 달래주고 치유하는 가사로 시작했다.

왬! 뱀!

나는! 사람이야!

직업이 있건 없건,

나더러 (사람이) 아니라고 하면 안 되지.

그때부터 우리 음악은 새로운 영국의 낙관주의와 자신감을 담은 사운드트랙이 되었다. '클럽 트로피카나', '웨이크 미 업 비포 유 고고', '프리덤', '아임 유어 맨' 등은 설렘과 동경을 담은 노래였다. 우리에게는 모든 것이 쉽고 재미있어 보였는데 *실제로*도 쉽고 재미있었으며 그런 자연스러운 활기가 커다란 상업적 성공으로 이어졌다. 조지와 나는 우리 부모님 댁 거실에서 녹음한 초기 데모로 음반 계약에 나섰고 결국 3천만 장이 넘는 음반을 팔았다. 1983년에는 데뷔 앨범 <판타스틱>이 1위에 올랐다. 1년 후, 후속 앨범 <메이크 잇 빅>이 전세계에서 다시 1위에 올랐다. 영국과 미국에서 스타디움 공연이 매진됐고 우리 음악의 팬이 늘면서 왜매니아•는 세계적 현상이 되었다.

우리의 결합은 1986년에 막을 내리는데, 멤버들이 어른이 되

• Whamania: 왬의 팬을 일컫는 말 - 역주

면서 왬!을 계속할 수 없었기 때문이기도 했다. 활동하는 내내 10대 감성을 유지할 수 있었던 것은 조지의 천재적인 작곡 재능뿐만 아니라 팝의 연금술도 한몫했다. 한편, 〈판타스틱〉을 출시하기 전 이제 막 첫 성공을 거두고 한참 감격해 있을 때, 우리가 바라는 만큼 성공하려면 왬!의 작곡을 조지가 전적으로 맡는 편이 좋겠다고 결정했다. 오랫동안 조지의 능력을 알고 있었던 나의 유일한 야망은 그저 밴드의 일원으로 함께 연주하는 것이었기에, 스튜디오에 있거나 무대에 서는 것만으로도 만족스러웠다. 나로서는 그 결정이 지금도 좀 아쉽지만 올바른 결정이었다. 분명 조지는 성숙한 작곡가로 발전하고 있었다. 사실 조지가 밴드의 제약에서 벗어나 솔로 아티스트가 되려 한 것도 그런 작곡 재능의 잠재력을 실현코자 하는 열망 때문이었다. 이제 스릴 넘치던 4년이 지나고 우리가 함께한 시간도 끝나가고 있었다.

조지가 내 귀에 대고 소리쳤다. 소음과 혼돈 속에 있던 나는 한마디도 알아듣지 못했다. 대부분 오랫동안 함께 해왔던 뮤지션과 백싱어들은 우리가 왬!이라는 이름으로 마지막 순간을 함께할 수 있도록 두 사람만 무대에 남겨두고 모두 퇴장한 후였다. 웸블리 관중은 소리와 색깔의 바다에서 더 크게 노래하며 어느 때보다 빠르게 물결치고 있었다. 눈앞으로 점점이 박

흰 현수막과 깃발들이 보였다.

"*뭐라고?* 다시 말해봐!" 나는 조지가 중요한 말을 하려 한다는 걸 느끼며 소음 속에서 큰 소리로 외쳤다.

조지는 미소 지으며 나를 끌어안고, 함께 마지막 인사를 하기 직전에 마지막으로 내 어깨에 머리를 기대며 이렇게 말했다.

"네가 없었으면 난 이렇게 못했을 거야, 앤디."

제1부

영 건즈•

• 1982년 왬의 데뷔곡 제목 - 역주

1. 결정, 또 결정

1979년 11월

우리는 동전의 앞뒷면같은 단짝 친구였다. 게오르기오스 파나요투(Georgios Panayiotou)는 공부를 좋아하고 수줍음이 많던 고수머리의 16살 소년으로, 바지 위로 뱃살이 불룩했고 옷장에는 미심쩍은 옷들이 가득했다. 반면 나는 자신감이 넘치고 외향적인 아이였다. 밝고 쾌활했지만 썩 똑똑하지는 못했다. 자선 가게의 모헤어 양복과 파카 점퍼를 입은 활기찬 장난꾸러기 얼간이였던 나는 지루해서 눈물이 날 지경이었던 A레벨 공부를 피해 다녔다. 그러나 우리 두 사람은 음악에 대한 사랑과 몬티 파이튼•의 코미디, 사춘기 유머에 있어서만큼은 일심동체였다. 그러다가 나는 우리 둘의 삶을 영원히 바꿔놓을 결단을 내렸다.

• 1970년대 인기를 끌었던 6인조 코미디언 그룹 - 역주

요그, 우리 밴드를 만들자….

행복했던 2년 동안 나는 밴드할 생각만 하면서 지냈다. 학교에서 우리는 서로 의지하며 내내 붙어 다녔는데, 내가 함께 음악을 하고 싶은 사람은 한 명밖에 없었다. 장차 조지 마이클이 될 바로 그 소년. 훌륭한 리듬과 느낌, 탁월한 멜로디 감각을 지닌 그는 게다가 뛰어난 보컬이었다. 친구로 지내던 초기에 우리는 퀸 등의 인기 음악부터 멘체스터의 조이 디비전 부류의 새로운 사운드에 이르기까지 폭넓게 음악을 들으며 같은 밴드와 아티스트 들을 신봉했다. 1979년경 우리는 카리브해의 그루브와 가장자리가 뾰족한 디자인의 전자기타를 혼합하여 레게를 매우 현대적 영국풍으로 해석한 '스카•'에 빠져들었다. 스페셜즈, 매드니스, 비트, 스틸 펄스 등의 밴드들은 음악만이 아니라 의상으로도 우리의 상상력을 사로잡았다. 영화 '콰드로페니아'의 개봉 이후에는 모드 리바이벌••도 유행하여 영국 전역의 아이들이 갑자기 맵시 있는 정장을 입고 허쉬 퍼피 구두를 신었다. 미용실에서 버즈컷•••은 최신 유행이었다. 나는 하

• 자메이카 민속음악 '멘토'를 바탕으로 리듬 앤 블루스와 재즈 형식이 결합된 음악 - 역주

•• 1978년 스코틀랜드에서 시작되어 각국으로 퍼진 음악 장르이자 서브컬처. 60년대 모드족 패션을 따라 했다 - 역주

••• 양옆을 바싹 붙여 자르는 짧은 머리 - 역주

트퍼드셔라는 교외 지역에서 살았지만 운좋게도 런던이나 버밍엄에서 클럽에 다니는 아이들과 비슷하게 하고 다닐 수 있었다. 음악은 *내가 소속되고 싶은 무엇이었다.*

"하지만 앤디, 나도 하고 싶지만 그럴 수가 없어…."

요그는 내가 방과 후에 전화하자 이렇게 말했다.

그는 A레벨에 대한 압박감과 부모님의 엄격한 분위기 등 몇 가지 변명을 우물거렸다. 조지의 부모님은 조지가 나 같은 친구나 다른 여러 가지에 더는 방해 받지 않도록 보호하려는 듯했다. 하지만 나는 단념할 생각이 없었다. 밴드를 하기로 마음을 정한 이상, 엄마 아빠에 대한 조지의 염려 때문에 계획이 꺾이도록 두지는 않을 참이었다.

"안 돼, 지금 안 하면 영영 못할 거야. 오늘 당장 밴드를 결성하는 거야." 나는 조지에게 말했다.

요그는 내가 한번 꽂히면 더 고집불통이 된다는 걸 알고 있었다. 사실은 지금 내가 물어보는 게 아니라 *내 결심을 말하고 있다*는 것도 잘 알고 있었다. 내가 포기하지 않을 거라 짐작한 요그도 더는 아까처럼 버티지 않았다.

"알았어, 앤디." 조지는 숨을 깊이 들이쉬면서 대답했다. "하자고."

요그가 합류했다. 이제 나는 신명나는 일이, 달성해야 할 목표랄까 목적이 생겼다. 내가 볼 때, 우리가 못 할 일은 아무것도 없었고 우리를 방해할 사람 역시 아무도 없었다. 우리의 우정은 무적이었고 일단 시작만 하면 차트 진입은 시간문제라고 봤다. 그런 성공이 무슨 의미인지는 잘 몰랐지만 느낄 수는 있었다. *나는 우리가 성공할 줄 알았다.* 결국 실제로 일어난 일은 내가 상상했던 것보다 훨씬 더 장대했다….

2. 새로 온 친구

4년 전

게오르기오스 파나요투를 처음 만난 것은 새 학년의 첫 수업이 시작되던 날이었다. 내 주변의 부시 미즈 중학교 2A1반 아이들은 신나게 떠들고 있었다. 남학생들은 대개 영국 해변 휴양지에서 부모님과 휴가를 보내는 동안 신비한 소녀들과 끌어안고 키스한 일을 자랑했다. (당시 해외로 가족여행을 가는 것은 대다수 사람에게 경제적 사치였다.) 여학생들은 〈재키〉 잡지에서 찢어 온 데이비드 에섹스와 도니 오스몬드의 사진을 보고 키득대며 황홀해했다. 다들 그 어느 때보다 팬스 피플•에 매료된 듯했다. 지난 몇 년 동안 계속 쇼에 나왔던 〈탑 오브 더 팝스〉••

• Pan's People: <탑 오브 더 팝스>에 출연하던 여성 무용단 - 역주

•• Top of the Pops: 영국 BBC의 음악 차트 텔레비전 프로그램. 1964년부터 2006년까지 매주 방영했다 - 역주

의 무용단은 최근 라이크라 의상을 입은 댄서들이 등장하면서 급속히 어린 소년들이 동경하는 대상이 되고 있었다. 다들 각자 좋아하는 댄서가 있었다. 그러나 6주간의 여름 방학 동안 자유를 누리다 돌아온 나는 첫날의 시끌벅적한 소동에 평소처럼 열광하며 어울리고 싶지 않았다.

지루했다.

사실 나는 종종 지루했다. 학교는 지루하기 짝이 없었는데, 나로서는 별 탈 없이 초등학교에 다니며 배운 읽고 쓰기가 사실상 영국 교육 시스템에서 배운 전부였다. 그다음부터는 학업 성적에 전혀 관심이 없었고 수업에 흥미를 잃었다. 선생님과 부모님은 이를 몹시 언짢아했다. 학교 통지표에 내가 '파괴적'이라고 언급된 바람에 저녁 식사 때마다 부모님께 호된 꾸지람을 듣다가 식사 자리에서 벌을 받은 적도 여러 번이었다. 학창 시절 몇 안 되는 즐거움 중 하나는 학교 축구팀에서 뛰는 것이었다. 그러나 나중에 조지가 주장한 바와는 달리, 내가 직접 프로 축구선수가 되겠다는 소망을 품은 적은 없었다. 나는 맨체스터 유나이티드의 팬이었고 내 야망은 그 정도가 다였다. 그러다보니 선생님들은 사소한 잘못도 다 감시할 수 있는 교실 맨 앞자리에 나를 앉혔다. 열두 살이었던 나는 권위라는 게 영 마땅치 않았다. 교복 상의 윗단추를 푼 채 타이도 느슨하게 매고 다니는 나는 어디로 보나 뚱한 표정에 골치 아픈 십대였다. 선생님 한두 분이 나를 좋지 않게 본 건 아마 그 때문이었을 것이다. 하지만 내가 딱히 비행소년이었던 건 아니다. 2A1반이 우리 학년에서 가장 똑똑한 학생들이긴 했지만, 11플러스 테스트•를 왓포드의 그래머스쿨••에 갈 만큼 잘 본 학생들은 아니었기 때문에 어차피 우리 중 장차 핵물리학이나 신경과학 분야에서 일할 사람은 거의 없었다.

갑자기 교실 분위기가 바뀌었다. 팬즈 피플과 데이비드 에섹스, 어색한 여름 키스에 대해 떠들던 소리가 담임인 파커 선생님이 긴장한 표정의 남학생을 앞세우고 교실로 들어오자 쥐 죽은 듯 가라앉았다. 상자에서 방금 꺼낸 듯한 새 교복을 입은 전학생은 커다란 금속 테 안경을 쓰고 있었다. 한껏 멋을 낸 분장용 가발처럼 보이는 그의 머리카락은 거친 인조 섬유로 만든 것 같았다. 교실에 가득한 새로운 급우들을 마주해야 한다는 부담감 때문에 떨고 있는 게 분명했다. 파커 선생님이 2A1반에 새로운 전학생을 소개하자 전학생의 얼굴은 상기되기 시작했다. 선생님은 전학생의 이름을 도심에 사는 여우가 쓰레기 비닐봉지를 찢어서 여는 것처럼 섬세한 소리로 전달했지만, 그

• 11-plus test: 초등과정을 마치는 11~12세 학생들이 보는 중등학교 입학시험 - 역주

•• grammar school: 대입 준비를 하는 중등학교. 우리의 인문계 학교와 비슷함 - 역주

런 어설픈 소개는 별 도움이 되지 않았다.

"여러분, 새로 전학 온 친구 요리오스 파네예오투입니다." 파커 선생님은 전학생의 이름을 알파벳대로 하나하나 발음했다. 이렇게 발음하는 게 맞는지 물어보는 표정으로 옆에 선 전학생의 겁에 질린 얼굴을 내려다보았지만, 전학생의 얼굴은 딸기맛 오팔프루트 사탕처럼 새빨개졌다. *지금 이름이 중요한 게 아니지.* 제일 앞줄에 있던 여학생들이 키득대고 웃었다. 교실 뒷자리의 남학생들도 낄낄거렸다. 그러나 조회를 지체 없이 밀고 나가려는 파커 선생님은 전학생 소개를 마저 이어갔다. 생소한 지중해식 이름을 다시 발음하려는 시도는 포기했지만 말이다.

"좋아요, 누가 우리 전학생을 좀 챙겨줬으면 좋겠네요. 새로 온 전학생에게 멘토 역할도 해주고 앞으로 1주일 정도 우리 학교를 소개해줄 사려 깊은 친구가 있었으면 좋겠어요. 중요한 책임이니, 이 역할을 맡는 사람은 반드시 새로 온 친구가 부시미즈에서 환영받는다고 느끼도록 해줘야 합니다. 도와줄 사람?" 선생님은 이렇게 말했다.

잠시 어색한 침묵이 흘렀다. 반 친구들이 머뭇거렸는데 왜 그러는지 이해할 수 없었다. 나로서는 한 번도 전학생을 맞은 적이 없었지만 놓치기에는 너무 좋은 기회였다. 단조로운 수업에서 벗어날 수 있다니 기쁜 일 아닌가. 나는 손을 번쩍 들었다. 파커 선생님이 기뻐했는지 아닌지는 알 수 없었는데, 미소를 짓고 있기는 했지만 바보 취급당하지 않겠다는 암시가 느껴졌기 때문이다. 아치를 그리며 올라가는 선생님의 눈썹은 일을 망치지 말라는 경고를 단호하게 담고 있었다.

"고맙다, 앤드류. 정말 친절하구나." 선생님은 결국 이렇게 말하며, 출석을 부를 테니 이제 내 옆에 가서 앉으라는 뜻으로 전학생 *아무개*에게 손짓했다. 파커 선생님이 출석부를 훑어보는 동안, 전학생이 긴장하면서 내 자리로 다가오는데 모든 친구의 시선이 그 아이에게 쏠렸다. 나는 좀 안됐다는 마음이 들었다.

"아담스."

"네, 선생님."

"바틀렛."

"네, 선생님."

"브라운."

"네, 선생님."

"내 이름 처음 들으면 좀 어렵지, 나도 알아." 전학생이 내 옆에 앉으면서 말했다. "그리스 이름이야." 내가 혼란스러워하는 걸 눈치채고 이렇게 덧붙였다.

나는 어깨를 으쓱하며 공감한다는 듯 고개를 끄덕였다. 게오르기오스라는 이름 때문에 전학생은 쉽지 않은 새 학기를 맞았다. 나는 대화를 나누면서 부시 미즈의 새로운 전학생에 대해 몇 가지 중요한 사실을 알게 되었다. 게오르기오스의 아버지는 레스토랑을 운영했다. 가족이 모두 런던의 킹즈베리에 살다가 근처 레들릿으로 이사했는데, 그 정도면 우리 집만큼 학교 정문과 가깝지는 않았지만 방과 후 놀러 다닐 수 있을 만큼 가까운 곳이라 같이 어울리기 좋았다. 또한 게오르기오스네가 상당히 부자일 거란 느낌도 들었는데, 레들릿은 부유한 동네로 알려졌기 때문이다. 대화가 순조롭게 되려던 차, 우리 사이에 커다란 간극이 드러났다. 그는 나와 관심사가 전혀 달라 보였는데 축구를 좋아하지도 않았고 포뮬러 원•에도 별 관심이 없었다. 잠시 아무 말 없이 서로 바라보다가 불편한 침묵이 길어질지도 모른다는 불길한 예감이 들었다. 고개를 들자 파커 선생님이 의심스런 눈빛으로 나를 노려보고 있었다.

젠장, 뭐가 잘 안 돌아가고 있네.

이런 책임을 맡다니 내가 엄청난 실수를 했구나 싶어 궁리하다가 돌파구를 찾아냈다.

“아, 음악은 뭘 좋아해?” 내가 물었다.

• Formula One: 포뮬러 자동차 경우 중 가장 급이 높은 대회 - 역주

게오르기오스는 그제야 미소를 지었다. *성공이구나!* 내가 공통점을 찾아낸 것이다. 그는 퀸을 좋아한다고 대답했다. 나로서는 훌륭한 출발이었다. 2A1반 학급 친구들이 새 학년이 되면 해야 하는 모든 지루한 일을 처리하는 동안, 우리 둘은 프레디 머큐리와 브라이언 메이의 화려한 기타, 퀸의 사운드를 재정립했던 노래로 약 1년 전 발표된 '킬러 퀸'에 대해 이야기를 나눴다. 게오르기오스가 비틀즈와 데이비드 보위를 사랑한다는 사실도 든든했다. 우연히 둘 다 엘튼 존을 좋아한다는 걸 알게 될 즈음에는 우리의 세계가 명백히 하나로 합쳐지고 있었다. 우리는 1교시 수업을 하는 교실로 걸어가면서 서로 좋아하는 노래 제목을 주고받았다. '베니 & 더 젯츠', '캔들 인 더 윈드', 가장 최근 앨범인 '굿바이, 옐로우 브릭 로드'의 타이틀곡은 서로 너무나 좋아하는 곡들이었다. 1교시 프랑스어 수업 교실에 앉아서도 계속 음악 이야기를 나누었다. 그러다 산만하게 정신을 딴 데 팔다가 잠시 후 제대로 집중하지 않는다고 꾸지람을 들었다.

"리즐리, 올해는 제대로 시작하는 게 어때?" 까다로운 프랑스어 선생님이 이렇게 말씀하는 건 내 카드에 또 벌점을 표시했다는 암시였다.

게오르기오스를 바라보니 내 편이라는 듯 눈동자를 굴리며 웃고 있었다. 이 아인 좋은 아이 같아, 나는 생각했다. 어쩌면 이번 학년은 괜찮은 한 해가 될지도 몰라….

새 학년을 시작한 지 한 시간도 되지 않아서 새 친구가 생겼다.

•

게오르기오스는 자기 이름을 발음하는 가장 좋은 방법이 '욜-고(Yor-goh)'라고 설명했는데, 몹시 불쾌한 가래 덩어리를 뱉는 헛기침 소리 같았다. 사실 이 발음은 요거트로 바뀔 수밖에 없었는데, 의외로 별명이 별 반응을 얻지 못했다. 결국 나는 그의 실제 이름보다 훨씬 발음하기 쉬운 요그(Yog)라 부르기로 했다. 파커 선생님이 모호하게 시도했던 그리스어 발음은 안타깝게도 다른 선생님들이라 해서 크게 다르지 않았다. 시도했던 선생님들이 한 분 한 분 포기한 듯 그냥 조지라고 부르니 결국 친한 친구들 말고는 모두 선생님들을 따라 조지라고 부르게 되었다. 조지는 게오르기오스가 새로운 사람에게 자신을 소개해야 할 때 선호하던 이름이었는데, 다른 설명을 할 필요가 없기 때문에 그랬을 것이다.

이후 며칠 동안 나는 새 친구를 조금씩 더 알게 되었다. 그 중 가장 눈에 띄는 특징은 필요할 경우 상당히 단호해진다는 점이었는데, 수줍고 자신감 없는 십대로 보였던 첫인상과는 정반대였다. 요그는 부시 미즈에 빠르게 적응했다.

첫 점심시간에 나는 '킹 오브 더 월'이라는 인기 있는 게임의 떠밀기 시범을 요그에게 보여주었다. 게임 규칙은 이름 그대로 상당히 단순했다. 게임 참가자는 다른 남녀 경쟁자들을 필요하다면 어떤 수단을 동원해서라도 아래로 밀거나 끌어내리면서 벽 꼭대기로 기어 올라가야 했다. 제일 먼저 꼭대기에 올라간 한 명이 이기는 게임이었다. 규정도 없고 심판도 없고 정해진 경기 시간도 없었다.

그날 오후, 나는 남들보다 조금 나은 체육 실력으로 왕좌를 차지했다. *게임의 왕은 나지.* 나는 친구들을 약올리면서 도전자들에게 허를 찔리기 전에 몇몇을 먼저 밀어냈다. 요그가 나타났다. 폼만 잡다가 지루해진 요그는 내 등을 밀쳐서 넘어뜨리려 했다. 아스팔트 바닥으로 떨어진 나는 벽 꼭대기에 올라간 요그가 뽐내고 걸어 다니면서 자신의 허세에 스스로도 웃는 걸 보니 당황스러웠다. 요그는 자신의 힘을 갑옷처럼 겉에 두르지 않았을지도 모른다. 축구장이나 신체적 기량을 측정하는 운동장에서 대단한 실력을 보여준 적은 없지만, 누구에게도 겁먹지 않을 사람이란 건 알 수 있었다.

일주일이 지나 요그의 집에 초대받아 가보니 그의 집안이 꽤

부유할지도 모른다는 내 짐작이 맞았다. 우리는 함께 학교 버스를 타고 레들릿까지 갔다. 넓은 정원과 멋진 파티오가 있는 침실 4개짜리 단독주택은 정말 인상적이었다. 두 가구가 건물 한 채에 양쪽으로 붙어 있는, 우리 엄마 아빠의 침실 3개짜리 연립주택과는 거리가 멀었다. 수수하지만 잘 가꾼 우리집 화단과는 대조적으로, 요그네 집 뒤뜰에는 파티오 자리에서부터 완만한 오르막으로 펼쳐진 넓은 잔디밭이 있었다. 여름 저녁이면 파나요투가 사람들은 돌마드, 후무스, 타라마살라타 등 지중해 별미 요리를 야외에서 먹었다. 지중해 본토의 전통적인 음식보다도 훨씬 더 이국적으로 보였다.

그의 부모님께 인사를 드린 후 우리는 위층에 있는 요그의 침실로 올라갔다. 요그의 침실은 흠잡을 데 없이 깔끔했고, 멋진 기념품과 음악 장비가 있는 보물 창고였다. 동네 쓰레기장에 갖다 버리겠다는 부모님의 위협이 떨어져야만 정리되는, 옷과 잡지들이 무질서하게 뒤엉킨 내 방과는 대조적이었다. 요그의 방 벽에는 데이비드 보위와 엘튼 존 등 스타들의 포스터가 붙어 있었다. 하지만 나는 요그가 〈스파이더맨〉 만화를 모으고 있다는 사실이 가장 놀라웠다. 한 무더기의 만화 속에는 당시에도 매우 고가 소장품이었던 초판 1쇄 〈스파이더맨〉이 있었다. 요그는 1년 전에 왓포드 FC의 비카리지 로드 운동장에서 엘튼 존 라이브 공연을 본 적이 있고 아스널에서 하는 축구 경기도 딱 한 번이지만 가본 적이 있다고 했다. 그러나 요그가 오디오를 보여줄 때 내 관심은 이미 다른 데로 쏠렸다. 침대 발치에 떡이 들어간 푸른빛의 커다란 드럼 키트가 있었다. 믿어지지 않았다. 요그의 드럼이 필 콜린스나 퀸의 로저 테일러 등이 연주하는 크기의 드럼은 아니었지만, 나는 몹시 감동했다. 내가 아는 사람 중 침실에 드럼 키트가 있는 사람은 아무도 없었다. 요그가 말릴 틈도 없이 나는 드럼석에 앉아 스네어드럼, 2개의 톰(큰 북), 베이스 드럼과 하이햇을 두들겨보면서 귀청이 떨어질 듯 육중한 4분의 4박자를 쳤다.

"안 돼, 앤드류…. *하지 마!*" 요그가 소음을 뚫고 소리쳤다.

화가 난 요그의 질색하는 표정을 보니 내가 선을 넘었다는 것을 알 수 있었다. 알고 보니 파나요투가에서는 하루 중 정해진 시간에만 음악 연습을 할 수 있었는데 내가 이를 어겼던 것이다. 살짝 당황한 나는 드럼 키트에서 물러나 방 한구석에 있던 오디오에 열렬한 관심을 보였다.

"일요일 오후마다 〈금주의 인기곡 40〉을 녹음하거든. 내가 좋아하는 노래들을 모아두지…." 요그가 설명했다.

우리 엄마는 휴대용 카세트 녹음기밖에 없었는데, 요그에게는 라디오 채널에서 나오는 노래를 바로 녹음할 수 있는 더블

데크 카세트가 있었다. 완전히 차원이 달랐다. 우린 둘 다 열렬한 인기곡 차트 팬이었지만, 요그도 나처럼 라디오1과 캐피탈 라디오 DJ들의 톤을 못 견뎌했다. 데이브 리 트레비스와 토니 블랙번 같은 DJ들의 과장과 지나치게 다정한 수다를 듣다 보면 손발이 오글거렸던 것이다. 한번 더 마음이 통한 우리는 직접 몇 가지 말장난을 따라 하며 짤막한 대화들을 녹음했다. 한 시간 동안 요그의 테이프 데크에 대고 우리 생각에 가장 우스꽝스러운 라디오 명사들을 열심히 흉내내며 조롱했다. 당시에는 몰랐지만 돌아보니 우리는 음악과 코미디로 촘촘하게 짜인 우정의 풍경을 그리면서 우리만의 작고 안전한 공간을 만들고 있었다. 즉흥적으로 촌극을 하고 아이디어를 주고받으면서 지나치게 진지해 보이는 어른들의 세계를 조롱했다. 이렇게 떠들어대는 소리에 요그의 엄마는 아마 놀라면서도 안심했을 것이다.

저녁 내내 요그의 훌륭한 음반 컬렉션을 함께 살펴보았다. 요그는 퀸의 앨범 등 내가 사랑하는 많은 아티스트의 음반을 갖고 있었다. 데이비드 보위를 좋아하는 내가 '진 지니'를 포함한 싱글을 많이 갖고 있다면, 보위의 열렬한 팬인 요그는 LP를 여러 장 갖고 있었다. 하지만 엘튼 존은 완전히 다른 문제였다. 요그와 나는 둘 다 엘튼 존을 위대한 작곡가라 여기며 사랑했다. 엘튼 존은 싱글 곡인 '크로커다일 록'과 '캔들 인 더 윈드'

의 사운드가 서로 완전히 다를 정도로 작곡 스타일이 정말 다양했다. 초기 앨범들이 나올 때는 내가 너무 어려서 잘 몰랐지만, <굿바이 옐로우 브릭 로드> 앨범 이후 열렬한 팬이 되어 이전에 나온 <매드맨 어크로스 더 워터>, <홍키 샤토>, <돈 슛 미 아임 온니 더 피아노 플레이어>까지 바로 구입했다. 엘튼의 재능 덕분에 버니 토핀의 가사는 완벽하게 음악으로 표현되었는데, '캔들 인 더 윈드'가 특히 그랬다. 버니가 가사를 쓰면 엘튼은 멜로디를 통해 가사의 감정을 전달했다. 그 점에서 두 사람은 누구보다 뛰어났다.

우리는 엘튼의 페르소나를 좋아했다. 괴상한 선글라스를 쓰고 대형 플랫폼 부츠를 신은 채 피아노를 연주하는 캐릭터가 매혹적이었다. 데이비드 보위도 흥미롭기는 마찬가지였다. 두 아티스트는 현실과 동떨어져 보였다. 우리는 정성스럽게 쌓아 올린 두 가수의 이미지를 아끼면서 프레디 머큐리처럼 난폭한 성향의 가수들도 사랑했다. 캣수트, 화려한 머리, 현란한 자세의 퀸 리더는 결코 무시하지 못할 카리스마 넘치는 아티스트였다. 세 사람 모두 이름을 바꿨다는 점도 요그를 이야기할 때 빠트릴 수 없는 사실이다.

요그에게는 한층 무겁고 독특한 취향도 있었다. 요그네 가족의 지인이 레드 제플린의 전곡이 담긴 음반을 요그에게 준

적이 있는데, 음반을 보자마자 놀라운 밴드라고 생각했다. 우리가 이런 밴드를 놓치고 있었다니 말도 안 된다고 생각하며 곧장 '홀 로타 러브', '카슈미르' 등에 빠져들었다. 추억의 획기적인 밴드를 발견하고 그들의 전곡을 마음껏 들어보는 건 흥분되는 일이었다. 나중에 조지는 데이비드 보위나 스티비 원더, 여러 모타운 아티스트의 음악만 듣고 자랐다는 인상을 주었다. 그들의 음반이 어딘가에 있었던 건 분명하지만, 조지의 컬렉션은 사람들의 짐작보다 훨씬 범위가 넓었다. 그날 저녁, 요그가 좋아하는 앨범 몇 장을 함께 듣고 재킷 안쪽에 인쇄된 가사와 해설을 분석하며 이렇게 음악에 푹 빠진 사람이 나 말고 또 있다는 사실이 놀라웠다.

금세 집에 갈 시간이 되어 일어나는데, 요그네 엄마인 레슬리는 친절하게 대해주면서도 나를 못 미더워하는 게 역력했다. 내가 최선을 다했음에도 불구하고 레슬리는 과거 다른 친구들의 부모님이 나를 좋아해준 것처럼 나를 대하고 있지는 않았다. 우리 엄마 차에 올라 작별 인사를 하는데, 레슬리의 반응을 보니 아들의 자신감 넘치는 새 친구를 좀 못 미더워한다는 느낌이 분명하게 들었다. 요그네 엄마가 화낼 만한 행동이나 말은 조금도 하지 않았다고 기억한다. 저녁 내내 나답게 잘 지냈을 뿐이다. (이 정도면 속였다고 해도 좋을 만큼 말이다.) 지나치게 소란을 피우지도 않았고 이만하면 요그네 첫 방문은 몹시 즐거운 시간이었다.

모든 일이 순조롭게 풀리고 있었다.

3. 평행선

요그를 염려하는 레슬리의 마음이 이해는 갔지만, 파나요투 집안의 엄격한 태도로 보아 요그가 궤도에서 이탈할 가능성은 희박했다. 아버지 잭은 긍정적인 롤모델로, 수완이 좋고 자수성가한 사람이었다. 본명은 키리아코스 파나요투(Kyriacos Panayiotou)였는데, 북동부 키프로스에서 터키와 그리스 사람들 사이의 긴장이 유혈 폭동으로 끓어오르던 1950년대에 영국으로 이주했다. 런던으로 탈출한 키리아코스는 세례명을 영어식으로 바꾸고 성은 파노스(Panos)로 줄였다. 그런 후, 한결같은 직업윤리를 가지고 평생 살아갔다. 그는 생계를 유지하기 위해 쉬지 않고 일했다.

잭은 나중에 런던에서 만난 레슬리와 결혼할 때도 에지웨어에 있는 자신의 레스토랑 문을 열고 영업을 했다. 내가 요그를 처음 만났을 때도 잭은 여전히 엄청나게 열심히 일하고 있었다. 집에 있을 시간이 거의 없었지만 조금이라도 짬이 나면 항상 가족과 함께했다. 말수가 적었던 잭은 가끔 내게 말을 걸 때면 거친 말투로 요점만 간단히 말했다. 때로는 협박에 가까웠다. 그는 내가 자기 아들에게 부정적인 영향을 준다고 생각했다. 요그네 집에 잭이 있으면 나는 대체로 눈에 너무 띄지 않으려고 애썼지만, 시간이 지날수록 레슬리는 좋아졌다. 레슬리가 아들과 나의 우정에 모종의 의구심을 가졌을지 모른다 해도 말이다. 요그네 엄마는 멋진 분이었다.

요그와 나는 적어도 한 가지 배경이 비슷했다. 우리는 둘 다 아버지가 이민자였다. 우리 아버지는 1933년 이집트 알렉산드리아에서 '알베르토 마리오 자카리아'로 태어났다. 할머니는 이탈리아인이었고 할아버지는 예멘 혈통의 이집트인이었다. 당시 영국의 지배하에 있던 이집트에서 알렉산드리아는 문화적 용광로였다. 아버지는 여러 나라 언어를 구사하면서 자랐다. 영어는 집에서 형과 사용하는 언어라 아무 문제가 없었던 아버지는 알렉산드리아 소재 영국 남학교에 쉽게 적응했고, 나중에는 시험에 합격하여 모교의 교사가 되었다. 하지만 문제가 발생했다. 1956년 수에즈 위기가 닥치자 아버지 가족은 민족주의가 들끓는 와중에 이집트에서 추방되어 에식스로 이주했다. 잭처럼 우리 아빠의 가족도 갈등의 시기에 타의로 고향을 떠나야 했다. 1950년대 중반에는 아직 징병제가 있었다. 아빠가 여러 언어에 능통하다는 것을 안 RAF•는 냉전 시기 베를린에서의 군 활동을 기대하고 아빠를 스코틀랜드의 세인트 앤드루스 대학교에 보내 러시아어와 독일어를 공부하도록 했다.

이집트에서 가족이 겪은 차별이 너무나 불쾌했던 아버지는 새로운 고향에 얼른 동화되고 싶었다. RAF 소속으로 세인트 앤드루스 대학에 가기 전, 아버지는 버스를 타고 가다가 리즐리 공원(Ridgeley Gardens)이라는 거리 표지판을 보았다. 누가 봐도 영어식 이름이었다. 자카리아라는 이름으로는 불이익을 당할지도 모르니…. 그 이름이 딱 와 닿았다. 그리하여 아랍어, 독일어, 러시아어, 프랑스어, 이탈리아어에 능통한 앨버트 리즐리는 세인트 앤드루스 대학의 군사언어과정을 마친 후 베를린 공군정보국의 통역사로 배치되었다. 다문화적 혈통에도 불구하고 아버지는 금세 스스로를 영국인이라 여겼고, 나도 그랬다. 그러나 성장하면서 내가 문화적으로는 윔블던 테니스 대회나 베이컨과 계란 요리를 즐기는 영국인이라 해도, 피부로는 다른 친구들보다 조금 더 검다는 걸 분명하게 느꼈다. 반면 요그의 가족은 영국보다 키프로스 역사에 더 애착을 가진 듯했

• 영국 공군 - 역주

다. 영어를 완벽하게 발음하는 우리 아빠와 달리 잭은 여전히 외국인 억양이 강했다.

아빠는 1960년 RAF에서 제대한 후 카메라 가게에서 일하다가 엄마를 만났다. 당시 아마추어 사진가로 사진에 푹 빠져있던 아빠는 그 일을 좋아했다. 아빠와 만났을 때 우리 엄마 제니퍼 던롭은 열여덟 살로 아직 학생이었다. 어린 나이에도 의지가 강하고 독립적이었던 엄마는 아빠와 사랑에 빠졌다. 그러다 엄마가 아이를 갖게 되자 아빠는 명예와 의무감으로 결혼을 했다. 서둘러 결혼식을 준비하게 만든 원인이었던 나는 1963년 1월에 태어났고, 뒤이어 1964년 2월에는 내 동생 폴 리즐리가 태어났다. 나는 두 분의 결혼 25주년 기념일이 되어서야 엄마가 1962년에 3개월 된 나를 뱃속에 데리고 결혼했다는 사실을 알게 되었다. 작은 스캔들이 봉합되었다.

우리 가족은 에그햄 변두리의 의회 부지에 지은 작은 집에서 살기 시작했다. 소박한 우리 집은 엄마와 아빠, 어린 두 소년의 목소리에, 때로는 완전히 다른 세계에서 옮겨온 듯한 할아버지 목소리까지 더해져서 시끌벅적했다. 2차 세계대전 당시 할아버지가 겪은 삶과 트라우마를 몰랐던 동생과 나는 웃지 않는 할아버지 모습이 드라큘라 백작을 닮았다고 '드랙'이라 불렀다. 할아버지는 코카콜라를 캔째 연달아 마시며 끊임없이 담배를 피웠다. 1968년 우리가 부시의 애쉬필드 애비뉴 40번지에 1930년대에 지은 한 채에 두 가구가 사는 다세대 주택으로 이사한 후에도 할아버지는 에그햄에 몇 년 더 머무르다가 담배로 얻은 병으로 세상을 떠났다.

동생과 내가 둘 다 유치원에 들어가자 직업을 가질 기회가 생긴 엄마는 월홀 교원대학에 등록했다. 오래된 신고딕 양식의 학교에는 야외 수영장이 있었는데, 엄마는 날씨가 좋으면 이따금 우리를 데려가곤 했다. 나는 물에서 장난치는 것을 좋아했다. 그러다 십대가 되자 부시에 있는 허름한 조지 5세 놀이공원을 다닐 수 있게 되었는데, 그곳에 있는 축구장, 테니스 코트, 카페가 내 사교 활동의 주요 무대가 되었다. 그런데 알고 보니 수영장이 가장 재미있는 곳이었다. 수업이 끝나면 서둘러 집에 가서 스피도•를 들고 놀이공원으로 달려갔다. 그곳에서 몇 시간이고 놀면서 여러 종류의 폭탄을 완성했다. 물속으로 뛰어드는 점프를 폭탄이라 했는데 엄청나게 많은 물이 튀도록 여러 자세를 만들면서 각각 설교자, 깡통따개, 호두까기 인형이라 이름 붙였다. 모두 근처에서 일광욕하는 소녀들에게 물이 튀도록 고안한 것이었다. 월홀과 놀이공원을 오가던 70년대는 돌아보면 한없이 여름만 계속되었던 듯하다.

• 수영복과 수영용품 브랜드 - 역주

초등학생이던 동생과 나는 착하게 노는 편이 좋다는 걸 잘 알고 있었다. *그렇지 않으면 시끄러웠으니까.* 엄마는 나무 수저를 상당히 잘 다루는 분이라 인내심이 한계에 다다르면 정원에서 도망 다니는 우리의 등짝을 후려치면서 쫓아왔다. 내가 별나게 말썽쟁이였다는 기억은 없지만, 확실히 좀 제멋대로일 때가 한번씩 있었고 호기심도 매우 많았다. 그래서 한번은 부모님이 주말 파티를 연 다음날, 어른들이 전날 밤에 무얼 했는지 정확히 알고 싶었던 나는 아침 일찍 일어났다. 모처럼 부모님이 침대에 누워 계시던 일요일 아침이었다. 이제 겨우 7살이던 나는 동생을 강제로 합류시켜 둘이서 함께 탐험하러 계단을 기어 내려갔다.

먼저 우리는 1970년대 모임이면 늘 등장하는 와트니 파티 세븐 캔맥주가 열려있는 걸 발견했다. 둘이서 한 모금씩 주욱 들이켰다가 바로 뱉어냈다. 맛이 너무 역겨웠다. 그런 다음 주저하지 않고 엄마의 수공예 나무상자를 열어보았다. 항상 담배로 가득 차 있었는데 특별한 경우에만 사용하는 상자였다. 둘이서 한 대씩 들고 성냥 한 상자까지 챙겨서 뒷마당으로 몰래 들어가 불을 붙인 후 어른처럼 뻐끔거렸다가 콜록대며 헐떡였다.

그러다 발각되었다.

이웃집의 참견쟁이 스미스 아저씨가 이 모든 장면을 보고 신이 나서 엄마에게 일렀다. 엄마는 우리에게 궁극적인 제재를 내렸다. 아버지께서 집에 오실 때까지 기다려라. 이후 몇 시간은 두려움에 떨며 피할 수 없는 처벌을 기다렸다. 아버지가 퇴근하자 우리는 아래층으로 불려가서 부모님에게 호된 꾸중을 들었다. 아빠는 차도 마시지 않고 침대까지 우리를 때리면서 몰고 갔다. 저지른 죄에 합당한 처벌이었는지는 모르겠지만, 확실히 효과는 있었다. 지금까지도 나는 와트니 맥주라면 한 모금도 마시지 않으니까.

어린 시절 아버지의 양육 방식 일부는 내게 큰 영향을 미쳤다. 군인이었던 아버지는 제2차 세계대전에 매료되어 2차 대전사를 자세히 다룬 여러 잡지를 모아두었다. 잡지가 우편함에 도착할 때마다 나는 처음부터 끝까지 한 장 한 장 읽었는데, 지금도 그 시대 전투기는 실루엣만으로 식별할 수 있을 정도다. 나중에는 에어픽스의 모델 키트를 만드는 것으로 관심사가 확장되어 12살 때는 신문 배달해서 번 용돈을 종종 비행기, 탱크, 선박 모델을 비롯해 가장 중요한 풀과 페인트를 사는 데 털어넣곤 했다.

돈을 벌다니 운이 좋았는데, 나로 말하자면 세계 최악의 신문 배달 소년이었을 것이기 때문이다. 나는 게으르고 멍청하고 걸핏하면 길을 헤매는 배달부였다. 산만해지기 일쑤여서 주

말이면 대개는 점심시간 언저리에 신문이 배달되곤 했다. 구독자들은 불만을 토로했다. 신문 배달부가 어디까지 왔는지 찾으러 집을 나서는 사람들도 있었다. 당연히 그들은 화낼 권리가 있었다. 특히 어느 일요일 아침, 본인이 차고에 둔 베이비챔•을 마시고 있는 나를 발견한 아주머니는 더욱 그랬다. 현장에서 적발된 나는 부끄러워하며 쫓겨났다. 그러다 해고를 당했는데 놀랄 일도 아니었다.

아빠에게 받은 훨씬 더 크고 중요한 영향은 바로 음악이었다.

아빠는 RAF 군악대의 리드 사이드 드러머 출신이었는데, 아빠와 엄마가 아들들에게 악기를 몹시 가르치고 싶어 한 덕에 나는 7살 때부터 키보드 레슨을 받았다. 집에 있는 업라이트 피아노로 연습하던 나는 선생님이 주신 교본의 악보를 연주하는 것뿐만 아니라 작곡도 재미있다는 것을 깨달았다. 사실은 연주보다 나만의 멜로디를 만들어 내는 게 더 재밌었다. 내게 피아노는 다만 작곡을 위한 도구였다. 그러니 피아노 수업을 받다가 나중에 그만둔 것이 당연한 일이었는지도 모르겠다. 10대가 되어서야 음악에 대한 새로운 열정이 일어나 다시 노래를 작곡하고 싶어진 나는 악기로 돌아왔다. 그래도 어린 시절

• 영국에서 6-70년대에 인기있었던 스파클링 페리. - 역주

피아노 수업이 효과가 있었던 게 틀림없다.

식당에 있던 스테레오는 아빠의 자부심이자 기쁨이었는데, 아빠는 값비싼 젠하이저 헤드폰을 끼고 음반 듣는 것을 좋아했다. 아빠가 헤드폰을 끼고 편히 기대어 앉아 눈을 감고 음악에 빠져있는 동안은 두 명의 꼬마 형제가 뛰어다니는 집이 모처럼 조용해지는 시간이었다. 일요일 저녁이면 온 가족이 스피커 주변에 둘러앉아 <금주의 인기곡 40> 순위발표를 들었다. 하지만 농담하거나 춤추거나 장난치지는 않았다. 우리는 주간 의식처럼 비닐 커버 소파에 앉아 차를 마시며 스위트, 슬레이드, 앨빈 스타더스트 등의 음악을 들었다. 이 시간을 통해 나는 팝과 로큰롤을 사랑하게 되었고 삶을 긍정하는 힘은 음악이라는 생각을 품게 되었다.

우리 집 소장 음반이 다양하진 않았을지 몰라도 내게는 분명 영향을 주었다. 나는 엄마 아빠의 LP를 계속 훑어보면서 비틀스와 에벌리 브라더즈의 음반, 초기 싱글곡이 모두 수록된 롤링 스톤즈 히트곡집을 들었다. 롤링 스톤즈의 음악은 날것 그대로 노골적이었다. 롤링 스톤즈는 모든 곡이 다 짜릿했다. 내가 좋아하던 음반은 비틀스의 <헬프!>나 리틀 리처드의 '투티 프루티', 빌 헤일리와 코미츠의 '록 어라운드 더 클록', 엘비스의 '하운드 독' 등이 담긴 <로큰롤 그레이트 20곡 선집>이었다는데, 롤링 스톤즈는 이러한 내 취향과 달랐지만 관심이 갔다. 집에 아무도 없다는 확신이 들 때면 볼륨을 높이고 거실에서 트위스트와 자이브를 췄다. 현관문이 쾅 닫히는 소리가 들리면 오디오 쪽으로 펄쩍 달려가 볼륨을 낮추고 숨이 차지 않는 척하며 재빨리 자리에 앉았다. 트위스트 추다가 들키기라도 했으면 부끄러워 죽고 싶었을 것이다.

내가 소장용으로 처음 집어든 음반이 무엇이었는지는 기억나지 않지만, 용돈을 들여 음반을 사기 위해 비닐 포장된 음반들이 꽂힌 음반장을 뒤지는 일은 곧 즐거운 모험이 되었다. 엘튼 존의 〈굿바이 옐로우 브릭 로드〉는 기억에 남는 초기 소장 음반 중 하나다. 와이 밸리로 수학여행을 가는 동안 버스 기사가 최첨단 8트랙 카세트로 쉬지 않고 틀어주는 걸 처음 듣고 구입했는데, 표지를 보니 더 특별하게 느껴졌다. 음반은 게이트폴드 커버•로 나왔는데 안쪽 재킷에 인쇄된 노래 가사마다 삽화가 그려져 있었다. 그림은 근사했다. '캔들 인 더 윈드'는 마릴린 먼로, '로이 로저스'는 권총, '그레이 실'은 용. 엘튼의 〈캡틴 판타스틱 앤드 더 브라운 더트 카우보이〉는 훨씬 더 호화로웠고 서너 개의 접지가 들어있었는데, 그중 하나는 가사책자였고 다른 하나는 만화책이었다. 나중에 알고 보니 어떤

• 안쪽으로 접을 수 있는 커버 - 역주

버전은 팝업 디자인이 나오기도 했다.

요그와 나는 종종 함께 음반을 사러 다녔는데, 둘이서 ELO의 대히트곡 '미스터 블루 스카이'가 수록된 1977년 앨범 <아웃 오브 더 블루>의 재킷을 꼼꼼히 들여다보며 골더스 그린역에서 기차를 기다렸던 일이 또렷하게 떠오른다.

어렸을 때 요그와 나는 둘 다 레코드 재킷 디자인에 관심이 많았다. 내 경우, 프로그레시브 록밴드 예스의 앨범 <테일즈 프럼 포토그래픽 오션즈> 등 놀라운 표지들을 공부하면서 여러 해를 보냈다. 디자인 하나만 보고 앨범을 산 적은 없지만, 거기 실린 음악을 좋아하든 좋아하지 않든 표지를 보며 초현실적 예술을 감상할 수 있었다. 운 좋게도 내가 좋아하는 밴드 중 몇몇 밴드는 훌륭한 노래와 시각적 멋을 모두 갖췄는데, 제네시스가 그러했다. 꽤 난해한 음악 취향을 가진 친구 로이를 통해 제네시스 팬이 되었는데, 로이가 좋아하는 밴드로는 공, 제네시스, 캡틴 비프하트 등이 있었다. 1976년 제네시스의 앨범 <윈드 & 워더링> 앨범이 발매되었을 때, 앞면에 로고가 엠보싱 처리되어 앨범 재킷에 특이한 질감을 더한 효과를 보고 기뻤다. 안에 들어있는 음악도 더없이 좋았다.

조금 지나서는 좋아하는 밴드를 실제로 볼 수 있었는데 내가 본 첫 공연을 잊을 수가 없다. 1977년 퀸이 얼스 코트에서 연주할 때였다. 프레디에게 푹 빠져있던 로이가 티켓이 있다 해서 무대에서 가장 멀리 떨어진 좌석이었지만 따라갔다. 운이 좋았던 나는 2년 후 요그와 표를 사서 퀸의 알렉산드라 팰리스 공연을 다시 볼 수 있었다. 프레디 머큐리를 본 나는 감탄하며 얼어붙었다. 그의 무대의상은 할리퀸 고양이 수트였다. 밴드는 '크레이지 리틀 싱 콜드 러브', '팻 바텀드 걸스', '바이시클 레이스' 등 빅 히트곡을 연주했다. 브라이언 메이의 독특한 기타 연주는 믿어지지 않을 만큼 대단했고 프레디는 무대를 장악하고 있었는데, 한 사람의 가수가 만드는 그런 에너지는 지금까지 한 번도 본 적이 없다. 프린스도 그 정도는 아니었다.

제네시스도 퀸만큼 좋아했던 나는 1977년 얼스 코트에 요그와 공연을 보러 갔다. 당일 밤에 표를 사려고 공연장 정문 앞까지 찾아갔는데, 놀랍게도 우리 좌석은 앞에서 셋째 줄이었고 무대는 장관이었다. 그 시절에는 신개발품이었던 빛나는 가변등을 무대 천장에 매달아 천상의 하얀 종유석이 줄줄이 달린 것처럼 보이도록 했다. 당시 제네시스는 또 다른 과도기였는데, 이들의 스타일이 보다 주류가 되던 중이었다. 피터 가브리엘이 밴드를 떠난 후 그동안 좌익수가 취약한 게 드러났지만, 이제는 〈어 트릭 오브 더 테일〉, 〈윈드 & 워더링〉 등의 앨범에서 볼 수 있듯이 우리 둘에게 더 매력적인 음악으로 발전하고 있었다. 나는 필 콜린스의 공연을 보는 게 좋았다. 그런 에너지와 스타일로 드럼을 치면서 동시에 노래도 부른다니 경이로웠다. 이듬해에 우리는 넵워스에서 하는 제네시스 공연을 다시 보러 갔다. 멋진 쇼였지만 무대에서 400미터나 떨어진 좌석을 구한 바람에 얼스 코트의 잊지 못할 밤 공연만큼 강렬하길 바라는 건 무리였다.

집에서는 내 소장품인 제네시스나 퀸 음반을 틀 때마다 항상 조심조심 주의를 기울였다. 아빠의 스테레오는 자동차나 엄마의 결혼반지만큼 소중한 보물이었다. 우리 집은 돈이 항상 빠듯했다. 집을 다시 꾸미는 일은 거의 없었고 값비싼 휴가는 엄두를 내기 힘든 사치였지만, 스테레오는 아빠의 고가품이자 *아버지*의 집에서 몇 안 되는 본인 물건 중 하나였다. 다른 가족이 스테레오를 사용하는 것은 진짜 특권이었다. 나만의 음악적 취향이 발전하고 있을 때도 우리 가족은 여전히 <금주의 인기곡 40>을 듣기 위해 스테레오 주변에 모였다. 그러나 그 즐거움도 목요일 저녁 TV프로그램에 밀리며 빛이 바래게 된다. 저녁 7시 30분이면 온 국민이 TV 주위에 모여 <탑 오브 더 팝스>를 보는 듯했다. BBC 1번 채널의 주력 프로그램인 이 음악쇼는 1970년대에 조금이라도 팝에 관심 있는 사람이라면 누구나 꼭 봐야 하는 행사였으며 이후로도 수십 년간 그러했다. 리즐리 가족도 파나요투 가족도 모두 〈탑 오브 더 팝스〉를 열렬히 시청했다.

〈탑 오브 더 팝스〉에 나온 T. 렉스, 뉴 시커즈, 아바 등은 시청자들의 관심을 크게 끌었다. 나는 〈탑 오브 더 팝스〉에서 '킬러 퀸' 공연을 보며 퀸에게 빠졌지만, 모든 사람을 사로잡은 밴드는 1978년 2월 비가 와서 축축하던 저녁에 출연한 블론디였다. 리드 싱어였던 데비 해리의 외모가 한몫했는데 헐렁한 빨간 셔츠와 허벅지까지 올라오는 빨간 롱부츠만 입은 모습에서 섹슈얼리티가 폭발했다. 다음날 아침 학교에서 블론디는 유일한 토론거리였다. 그리하여 데비 해리는 나의 청춘에 중요하게 나타날 주제를 대표하게 된다. 나는 팝스타의 힘을 이해하기 시작했다.

4. 십대의 관심

1970년대 중반의 자존감 있는 십대라면 연애를 위해서만이 아니라 친구의 존중을 받기 위해서도 누구나 멋진 외모는 필수적이라 여겼다. 나도 예외는 아니었다. 왬!으로 성공하기 훨씬 전부터 사람들의 눈길을 끄는 패션 감각을 키우고 나의 외향적 성격이 반영된 독특한 옷으로 옷장을 채웠다.

13살 소년에게 멋진 패션은 집에서 제일 가까운 쇼핑센터인 왓포드의 하이 스트리트 패션을 뜻했다. 처음에는 엄마와 동생이랑 격주로 쇼핑을 갔지만 나중에는 나 혼자 왓포드 마켓을 휩쓸고 다녔다. 이때 옷 쇼핑을 하면서 평생의 패션 취향이 만들어진 셈이다. 물론 한두 가지 이상한 헤어스타일에 한두 가지 부끄러운 의상도 있긴 했지만 말이다. 내게 왓포드 쇼핑 투어는 설레는 일이었다. 거리는 붐비고 번잡했는데, 특히 커피로스터 가게가 있는 번화가 안쪽이 그러했다. 나는 그 곳에 종종 들러서 가게 안에 떠도는 근사한 향기를 들이마시곤 했다. 울워스[•], 아워 프라이스[••], 세이프웨이[•••] 등 친숙한 간판들이 즐비한 거리에서 그 가게는 개성(個性)의 작은 오아시스였다.

최신 유행의 필수 디자인을 찾는 패셔니스트들은 중심가가 아닌 인근 시장에 들렀다. 나의 첫 패션 테러라 할 옷을 사 입은 곳도 이곳이었다. 밑위가 길고 단추가 네 개 달린 화려한 느낌의 암녹색 코르덴바지 한 벌. 호주머니 깊숙이 손을 꽂으면 등이 완전히 굽은 사람처럼 보였다. 나는 조금도 개의치 않았다. 친구들도 다들 비슷하게 한심한 꼴로 다녔다. 바지에 플랫폼 부츠를 신고서 우리는 부시에서 우리가 제일 멋진 놈들이라고 생각했다.

어떤 건 유난히 더 비쌌다. 나는 선홍색 록커 바지를 사려고 8파운드를 모았는데, 1975년 기준으로는 제법 큰돈이었다. 중요한 약속이 있는 날이면 친구들이나 그날 마주칠지 모를 여자아이들에게 확실한 인상을 주고 싶어서 그 바지를 입었다. 그런데 6개월도 안 되어 그런 유행이 지나가 버렸다.

• Woolworth's: 슈퍼마켓 체인점 - 역주

•• Our Price: 1971년~2004년에 운영된 영국의 음반가게 체인점 - 역주

••• Safeway: 슈퍼마켓 체인점 - 역주

적어도 내 생각에 나는 무엇을 입든 별문제가 되지 않았다. 나는 자신감이 넘쳤다. 그런 자신감이 어디서 왔는지는 정확히 모르겠지만 가정환경도 한몫했을 것이다. 어머니는 열여덟 살에 나를 낳고 나중에 공부를 마저 해서 교사가 되었다. 어머니는 인생이 어떤 과제를 던지든 잘 해결하면서 살아가는 남다른 능력이 있는 분이었는데, 그 일부를 나도 물려받은 게 틀림없다. 어쨌든, 전반적으로 나는 집에서 마음껏 자신감을 키울 수 있었고 어떤 제지도 받지 않았다. 동생과 나는 둘 다 프라모델 만들기, 축구, 음악, 무엇이든 우리가 원하는 대로(적절한 명분에 따라) 표현할 수 있었다. 아버지가 우리 성적을 중요하게 생각했던 건 맞지만, 실제로 어떤 압박을 주지는 않았다.

요그도 그랬는지는 잘 모르겠다. 매우 강한 성격인 요그의 아버지는 인생을 어떻게 살아야 하는지, 아들이 성공하려면 무엇을 해야 하는지에 대해 몹시 편협한 생각이 있어 보였다. 어쩌면 요그가 나보다 예민한 소년이다 보니 그런 아버지의 영향을 더 많이 받았는지도 모르겠다. 나이 먹을수록 나의 자존감 형성에는 외모도 한몫하기 시작했다. 내가 특별히 잘생겼다고 생각하진 않았지만 스스로 못생겼다고 여긴 적도 없었다. 그러다 열일곱이나 열여덟 살쯤 된 여자들이 나를 알아봐주기 시작하자 자신감이 커졌다. 나를 대하는 사람들의 태도에서 매번 자신감을 얻기도 했다. 예의 바르고 사려 깊게 처신하도록 배운 덕분에 어른들은 비교적 나를 긍정적으로 대해줬다. 게다가 어떤 일에도 겁먹지 않았는데, 이런 성격은 밴드를 시작할 때 큰 도움이 됐다. 뮤지션은 음악에 스스로의 개성을 투영하면서 자신을 표현하려면 확고한 자신감이 필요하다. 음반사 직원에게 데모 테이프를 들이밀거나 공연을 요청하려면 자기 믿음이 필요한 것이다. 무대 위를 걷는 일만 해도 조금은 당돌해야 한다.

내 경우, 나 자신을 표현하는 건 별문제 없었지만 스타일링에 있어서는 좀 뭐랄까, 무슨 말이 하고 싶어서 그렇게 입었는지가 명확하지 않았다! 하지만 옷에 관해서라면 나만 문제가 있었던 건 아니다. 안경잡이에 곱슬머리가 제멋대로 뻗친 요그는 부시 미즈 중학교에 처음 전학 온 순간부터 시급한 수정이 필요했다. 첫 번째 문제점은 요그가 싫어했던 안경이었고, 두 번째는 요그가 더욱 싫어했던 머리카락이었다. 요그의 머리카락은 젖으면 길들일 수 없는 뻣뻣한 곱슬덩어리가 되었기 때문에 비가 오면 특히 위험했다. 그나마 다루기 쉬웠던 건 안경이었다. 요그는 내 주변에서 초기부터 콘택트렌즈를 사용하기 시작한 축에 들었는데 보기 싫던 '안경'을 벗어던지자 판세가 바뀌었다. 1977년 그가 렌즈를 끼고 교실로 돌아왔을 때는 자존감이 상당히 높아진 듯했다. 하지만, 콘택트렌즈가 그의 미적 취향 전반에 영향을 미치지는 못했는지 어느 날 아침, 새 코트를 입고 학교에 온 요그를 보고 나는 그가 색맹임을 확신하게 되었다.

가까이 있는 누가 봐도 갈색 코트가 분명한데 요그는 "나는 초록색이 정말 좋아."라고 말했다. 붉은색도 잘 못 알아보는 듯했지만, 요그가 스스로 색맹임을 알게 된 건 여러 해가 지나서였다.

이 모든 점에도 불구하고, 학교에서 나는 요그를 편들어주느라 끼어들 필요가 없었고 요그도 내게 그럴 필요가 없었다. 확실히 나중에 발표한 우리 노래 '영 건즈(고 포 잇!)'의 가사 '저리 비켜, 그 아인 내 친구야!(Back off, he's a friend of mine!)'와는 다른 방식이었다. 요그는 학교에 잘 적응했고 대다수 사람과 잘 지냈다. 그러다 보니, 우리는 서로 놀리거나 괴롭힐 일이 거의 없었다. 나는 요그가 자신의 머리카락, 안경, 체격에 대해 얼마나 예민한지 알고 있었기 때문에, 놀려봤자 '요거트' 정도가 전부였다. 하지만 우리가 입고 다녔던 옷에 관해서라면 놀리고 말고 할 것도 없었다.

학교에서는 1년 동안 디스코파티가 여러 번 열렸다. 강당에서 열리는 디스코파티가 우리에게는 뉴욕의 스튜디오 54•나 코벤트 가든••의 록시만큼이나 황홀한 행사였다. 또한 한껏 옷을 차려입고서 얼마나 멋진지 서로 견주어볼 수 있는 유일한 장소이기도 했다. 그러나 이제는 세련된 옷에 투자하는 이유가 친구들의 부러움을 사려는 것만은 아니었다. 우리에게는 여성의 외모가 FA컵이나 〈스타워즈〉만큼이나 중요했다. 열다섯 번째 생일을 앞두고 있던 우리는 리비도가 넘치는 중이었다. 특히, 학교 디스코 파티가 끝나가는 저녁이면 슬로우 댄스 타임이 있었기 때문에 더더욱 옷을 잘 입어야만 했다. 나의 성공률은 압도적이었지만, 그렇다 해도 잘 차려입고 싶은 마음이 줄어들진 않았다.

그러나 여기서 빠진 게 딱 하나 있었는데 바로 요그였다. 아무리 내가 잔소리를 해도 집이 너무 멀었던 요그는 디스코 파티에 거의 합류하지 않았다. 패밀리 레스토랑에서 종종 야근을 하는 요그네 아버지 잭은 자식들이 택시 타는 것을 좋아하지 않는다고 했다. 그래서 요그는 학교 친구들이 강당의 엉성한 조명 쇼 아래에서 칙, 도나 서머, 잭슨즈, 비지스의 음악에 맞춰

• 1970년대 후반부터 80년대까지 나이트클럽으로 유명했다. 현재는 극장으로 운영 중이다. - 역주

•• 록시는 코벤트 가든의 닐 스트리트에 있는 나이트클럽으로 영국 펑크음악의 발전을 이끌었다. - 역주

부기 춤을 추는 시간에 함께하지 못했다. 조명쇼라 해봐야 주로 한쪽 벽면에 무성 영화 시리즈를 비추고 형형색색의 전구로 DJ석을 밝히는 정도였지만 말이다. 파티장 어디에서도 요그가 보이지 않았다. 나는 요그를 끌고 오자고 마음먹었다.

1977년 12월에 오스카상 수상작인 영화 〈토요일 밤의 열기〉가 개봉되자 몇 달 동안 디스코 열기가 전역으로 퍼졌다. 존 트라볼타가 주연하고 비지스가 사운드트랙을 맡은 영화의 배경은 뉴욕의 클럽이었다. 도시의 거리를 으스대며 걸어다니는 트라볼타의 매력이 음악에 생기를 불어넣었다. 지난해 학교 디스코장에 불을 붙였던 사운드트랙의 리드 싱글곡 '스테잉 얼라이브'는 이제 모든 라디오 채널과 〈탑 오브 더 팝스〉로 퍼지고 있었다. 요그와 나는 이 노래를 좋아했다. 절대로 거부할 수 없는 팽팽한 에너지가 있었다. 그러다 2월이 되자 남다른 관능미와 청순함이 더해진 *밤의 열기*가 우리 동네에도 등장했다.

우리 반 아이들 모두가 그 영화를 이야기하고 있었다. 놓칠 수 없는 섹스와 스타일과 화려함의 세계를 엿보도록 해주며 선풍을 일으켰다. 〈토요일 밤의 열기〉는 우리 마음에 불을 지폈다.

걸림돌은 딱 하나였다. 영화는 X등급이라 티켓을 사려면 18세 이상이어야 했다. 1978년에 나는 겨우 15살이었고 요그는 나보다 몇 달 더 어렸다는 점을 감안한다면, 엠파이어 극장 매표소 직원을 속이려는 우리의 시도는 무안만 당하고 실패할 확률이 높았다. 우리는 충분히 세련되고 세상 물정에 밝아 보여서 직원들을 속일 수 있기를 바라며 관람을 추진했다. 각자 여학생을 한 명씩 끼고 가면 통과할 수 있을 거라고 생각했다. 티켓과 공짜 팝콘, 무제한의 청량음료를 제공하겠다고 약속하면서 그럭저럭 우리 학년의 두 여학생과 함께 가게 되었다.

영화를 보러 가던 날 밤, 들뜨고 긴장했던 나는 광대처럼 앉기도 힘들 정도로 꽉 끼는 복숭아색 치노 바지에 깃이 넓은 셔츠를 입고 검은색 가죽 구두를 신고 갔다. 뾰족한 앞코를 금속으로 감싼 구두였다. 딱 유행하는 옷차림이었다. 엠파이어 극장에 도착한 우리는 이 계획의 성공을 확신하는 내가 나서는 게 좋겠다고 결정했다. 요그와 공범자들은 은밀한 표정으로 내 뒤를 따랐다. 나는 매표소로 올라가 허리를 반듯하게 세워 키가 커보이도록 하면서 목소리를 저음으로 깔았다.

"〈토요일 밤의 열기 속으로〉 4장 부탁합니다…."

나는 5파운드 지폐를 여성 매표원에게 내밀며 말했다.

안경테 위로 나를 올려다보는 여성 매표원은 X등급 영화를 보려고 허세 부리는 미성년자들을 알아차릴 만큼 충분히 현명해 보였다. 구겨진 5달러 지폐가 반쯤 먹다 만 소시지 롤처럼 눈에 들어왔다. *이건 안 통하겠구나. 안 통하겠어!* 일찍 집으로 가는 버스가 손짓했다. 내가 환한 미소를 지어 보였더니 매표원도 미소를 지었다. 빙고! 매표원은 기계에서 티켓 4장을 뽑아주며 턱으로 극장 문을 가리켰다. 우리 넷은 허세를 부리며 들어갔다. 노는 쪽으로는 *내가 통하지!*

두 여성 동행자가 혹시라도 우리가 뒷줄에 앉아서 더듬거리며 성적 접촉을 시도할까봐 불안했다면 전적으로 기우였다. 요그와 나는 그런 일에 조금도 관심이 없었으니까. 자리에 앉자마자 우리는 영화에 완전히 빠져들었다. 그 후 몇 주 동안 교실에서는 이 영화에 대한 토론이 끝도 없이 이어졌다. 요그의 집에 가면 둘이서 영화를 패러디한 라디오 촌극 시리즈를 녹음했다. 존 트라볼타가 연기한 토니 마네로가 관객을 끌어당기는 장면은 성적으로 불타오르는 십대의 상상 속에서 그 자체로 생생한 현실이 되었다. '토니 마네로가 차 뒤에 여자를 태웁니다. 여자의 드레스 아래를 더듬거리기 시작한 그는 그 여자가 사실은 남자라는 걸 알게 됩니다!' 모두 좀 유치한 패러디였지만 당시에는 유쾌한 농담으로 통했다.

음악적으로 〈토요일 밤의 열기〉는 해방의 영화였다. 덕분에 춤은 진정한 남성이 추구할만한 것으로 정당화됐고, 모든 면에서 여성에게 접근할 수 있는 방법이 되었다. 그전까지 춤은 혈기 왕성한 남성에게는 좀 어울리지 않는 일로 여겨졌다. 그런데 <토요일 밤의 열기>가 모든 것을 바꿔버린 것이다. 남자로서 댄스 플로어에 오르는 것이 갑자기 멋진 일이 되었다. 엠파이어 극장을 무사통과하고 대담해진 요그와 나는 나이 제한에 안 걸리고 지역 나이트클럽 플로어에 설 수 있는 방법을 의논했다. 나중에 우리의 자신감은 높아지고 부모님의 관심은 낮아졌을 무렵, 함께 웨스트엔드의 지하 술집을 찾아가 보니 모두 스튜디오 54와 <토요일 밤의 열기>만 듣고 있었다. 1978년 여름이 시작되었다. 십대의 열정을 배출할 수 있는 라이벌로 펑크가 있었지만, 우리는 디스코에 푹 빠져 지냈다. 다음 해가 되자 우리의 취향은 확고해져서 펑크록밴드 섹스 피스톨즈의 조니 로튼이나 클래시의 조 스트러머가 뭐라 말하거나 으르렁댄다 해도 아무 소용이 없었다.

내게 없는 건 여자친구뿐이었다. 그래서 반 친구 조디가 자기 집 파티에 나를 초대했을 때, 수학 시간에 어깨 너머로 몇 번 흘끗 본 게 전부였지만 잘 될 거라는 확신이 들었다. 조디를 좋아했던 나는 요그와 함께 파티를 고대했다. 요그는 나중에 우리 집에서 잘 계획이었다. 그날 밤, 나는 아주 멋지게 옷을 입었다. 스프레이를 뿌린 것처럼 보이는 복숭앗빛 코르덴바지와 종이처럼 얇은 복숭아색 앙고라 슬래시넥 스웨터를 입고 있었다. 이런 복장은 당시 교외에 사는 젊은이들에게 통하는 최대치였다. 내가 이렇게 입고 집을 나설 때 부모님이 무슨 생각을 했을지는 참으로 미스터리다. 엄마가 난리를 쳤던 기억은 없다. 아버지는 아마 경악했을 것이다. 조디의 집에 도착한 나는 바카디• 한 병을 마시며 친구들과 수다를 떨었고 사이다와 로켓 퓨엘••에 이미 취해서 춤추는 커플들과 어울리기도 했다. 갑자기 요그가 내 팔을 잡았다. *나한테 뭔가 할 말이 있구나.*

"앤디, 어떻게 말해야 할지 모르겠는데," 요그가 주저하며 말했다. "우리 엄마 아빠 말야. 두 분이 네가 우리 집에 더는 안 왔으면 좋겠다셔…."

나는 웃음을 터트렸다. 처음엔 농담인 줄 알았다. 처음 만났을 때 레즐리가 나를 썩 마음에 들어 하지 않는다는 건 금세 알아차렸지만, 시간이 지나면서 나는 요그의 엄마가 좋아졌고 그분도 나를 좋아해주었다. 다만, 레즐리는 내가 요그를 산만하게 만들 수도 있다는 걸 알았을 뿐이다. 나의 학업 태도는 요그와 매우 달랐기 때문이다. 요그는 열심이었다. 다음 학년이면 최고 O레벨 성적을 받을 참이니, 요그의 부모님은 요그가 훌륭한 대학에 갈 실력이 되는 만큼 한눈팔지 말고 공부에

• 1862년 쿠바에서 시작된 럼주 상표명. - 역주

•• 증류주 이름 - 역주

만 매진해야 한다고 생각했다. *한눈팔면 안 돼, 부정적인 영향도 받으면 안 되고.* 이제 보니 거기에 나도 포함된 듯했다.

"문제는…," 요그는 이어서 말했다. "네가 우리 집에 못 오면 나도 너희 집에 가면 안 될 것 같아."

나는 갑자기 허를 찔린 느낌이었다. "뭐라고?"

요그의 논리가 이해되지 않았다. 그러나 내가 논쟁해보기도 전에 그는 어깨를 한 번 으쓱하고 걸어가더니 정원에서 춤추는 아이들 속으로 사라져버렸다. 나는 어안이 벙벙했다. 파티에서 춤추고 장난치며 즐거운 시간을 보내다가 갑자기 가장 친한 친구에게 만날 수 없다는 말을 듣다니. 요그가 던진 심리적 타격. 이러다 우리 사이는 멀어지지 않겠는가. 게다가 이제 곧 여름방학이다. 이미 얼큰하게 취한 상태였던 나는 마음이 괴로워져 계속 더 마셔댔다. 그러다 부엌 벽에 기대고 털썩 주저앉아 내게 일어난 일을 옆자리 어떤 친구에게 눈물로 설명했다. 더욱 민망한 일은 그 친구가 알고 보니 조디의 엄마였다는 점이다. 그날 저녁은 정신적 충격으로 기억이 끊겼다. 파티에 대한 마지막 기억은 길 한가운데서 어쩌다 경찰 역할을 하게 된 앤소니 퍼킨스의 아버지가 나를 끌어올리던 장면이다. 그러다 어떤 사람이 손으로 내 팔을 잡더니 나를 옆으로 끌어당겼다.

놀랍게도 요그였다.

"자, 앤디. 집에 데려다줄게."

새벽 3시였다. 인적이 끊긴 부시의 거리에서 함께 비틀거리며 우리 집으로 향하는 동안, 요그는 침착하게 나를 보살펴주었다. 집으로 몰래 들어왔을 때는 날이 밝아 있었다. 오는 동안 나는 한참을 덤불 속을 뒹굴며 선하신 주님께 속히 자비로운 죽음을 달라고 간청했지만, 복도 거울에 비친 모습을 보니 비교적 다친 데가 없었다. 요그도 그랬다고 말하진 못하겠다. 요그의 옷에는 흙과 쓰레기가 더러워진 티타월의 패치워크처럼 붙어 있었다. 그에게서 나는 냄새도 딱히 좋지는 않았다.

"젠장, 힘든 밤이었지?"

나는 미소 지으며 말했다.

요그는 나를 위아래로 훑어보며 웃음을 터트렸다. "앤디, 어떻게 된 거야?"

나는 어깨를 으쓱했다. "무슨 말이야?"

"우리를 좀 봐! 나는 한 번 나갔다 오면서 디너 수트를 부랑아 잠옷처럼 만들어버렸는데, 너는? 두 시간이나 덤불 속에서 굴렀는데도 머리카락 한 올 흐트러지지 않았잖아…."

요그 말이 맞았다. 감정에 멍든 상처는 컸지만 말이다. 하지만 요그는 우리 집까지 나를 친절하게 데려다 주면서 나에 대한 우정이 어느 정도인지 보여주지 않았나. 요그네 부모님이 어떻게 생각하든 우리는 가장 친한 친구고, 그분들은 우리를 떼어놓지 못할 것이다. 어느 때보다 그런 확신이 더 크게 들었다.

요그도 그랬다.

5. 소녀들! 소녀들! 소녀들!

1978년 여름은 우리 인생에서 성장의 장(章)이 펼쳐진 시기였다. 나는 반 친구들과 디스코 싱글 음반, 술 파티, 성(性) 탐구의 세계로 뛰어들었다. 우리는 갑작스럽게 섹스에 집착하고 있는 듯했다. 서로서로 새로운 발견을 하는 여정이 시작되었다. 교실에는 명백한 성적 떨림이 있었는데 방학이 다가오자 젊은 욕망이 풀려났다.

방학이 길면 늘 하우스 파티가 열렸다. 친구들의 부모님 대부분은 자신들이 외출하는 동안 집이 모임 장소가 되는 걸 이상할 정도로 편안하게 받아들였다. 단, 집을 쓰레기장으로 만들지 않고 먹은 걸 게워내지 않는다는 조건이 붙긴 했다. 초청장이 돌면, 술 마시고 춤을 추며 혹시라도 이성을 훨씬 더 잘 알게 되지 않을까 기대에 찬 대규모의 폭도가 그 집으로 몰려

들곤 했다.

파티장에서 더듬거리고 하룻밤을 같이 보내는 것뿐만 아니라 데이트 역시 부시 고등학교 모든 동급생 친구들의 마음을 빠르게 사로잡고 있었다. 그게 참, 나와 요그만 빼고 모두가 그랬다. 내 경우, 아무리 애써 봐도 여자 친구 찾기는 글러 보였다. 반 친구였던 케이티, 라라, 안나, 샬롯이 내게는 이제 팬스 피플에 나오는 소녀들만큼이나 섹시했다. 선택의 기회가 적지는 않았다. 와이 밸리로 수학여행 가던 날, 샬롯이 자신의 점퍼 아래로 내 손을 살짝 넣으라고 해줬을 때 나도 운이 트이기 시작했다. 파티장에서 4A2반의 니나는 나랑 끝까지 가보고 싶다고 분명하게 말하기도 했다. 급한 감정에 잘 대처하길 바라면서 몇 시간을 보냈던 나로서는 니나의 직설적 표현이 몹시 당혹스러웠다. 서툰 변명을 중얼거리며 자리를 피한 후, 남은 파티 시간 내내 부끄러워 볼이 빨개졌다.

그러다가 요그가 집 뒤편 들판에서 누군가 숨겨둔 포르노 잡지를 발견하면서 나의 십대 성욕은 좀 더 안전한 방식으로 일어났다. 원주인은 「클럽 인터내셔널」, 「메이페어」, 「멘 온리」 등 다양한 최고의 잡지들을 수집하여 양철 상자에 보관해두었다. 이후 몇 주 동안 우리는 들판의 밀과 보리 사이에 숨어서 잡지에만 열중하며 앉아 있었다. 그런 후, 우리는 좀 더 본격적인 성인 영화를 서너 편 보자고 마음먹었다. 왓포드의 오데온 극장에서 〈스터드〉로 시작하여 엠파이어 극장에서 방콕으로 여행 간 프랑스 여성에 대한 이야기인 〈엠마누엘〉을 보았다. 우리의 관심사는 여주인공이 방콕에 도착해서 무엇을 했는가였다. 확실히 영화가 인쇄된 종이보다 한발짝 더 나아가긴 했지만, X등급 영화도 좀 실망스럽긴 마찬가지였다.

"이 영화들은 전부 다 좀 순한 편이네. 좀 더 하드코어한 걸 봐야겠어." 나는 요그에게 말했다. 요그는 혼란스러워 보였다.

"무슨 뜻이야?"

"음, 소호에 가면 홍등가에서 온갖 야한 영화들을 상영하잖아. 거기 있는 영화관에 몰래 가보는 건 어때?"

설득하고 말고 할 것도 없이 요그는 나의 런던행에 함께했다. 그것도 트리플 X등급 영화관에. 가보니 포르노 영화 전용관인 싸구려 극장에서 볼 법한 일은 다 있었다. 음침하고 수상쩍은 공간은 좌석에 앉아 안절부절 못하는 비옷 입은 남자들로 가득했다. 매표소에 있는 녀석은 긴장한 십대 두 명을 처음 응대해보는 게 아닌 듯했다. 피부가 거친 얼굴은 이 모든 일을 전에 본 적이 있다는 표정이었다. 관객 일부는 영화와 교감하며 자위행위를 하려고 온 게 분명해 보였다. 너무나 불안해진 우리는 극장에서 바로 뛰쳐나왔다.

그러나 1970년대 소호는 수상해 보이는 서점들, 네온사인 불빛이 흐르는 골목, 댄스 쇼, 스트립 쇼, 라이브 섹스 쇼를 약속하는 출입구 등 우리를 유혹할 만한 곳이 훨씬 더 많았다. *남자랑 여자가 알몸으로 우리 눈앞에서 그걸 한다고?* 기상천외한 발상이었다. 도어맨에게 다가가자 그는 우리를 지하 술집으로 안내했다. 우리 둘 다 어린 티를 벗은 지 얼마 안 된 게 역력했는데, 그에게는 별문제가 안 되는 듯했다. 의자에 앉자마자 코르셋과 스타킹만 착용한 여종업원이 술 한잔 하겠냐고 물었다. 우리는 신문 배달과 세차로 돈을 벌었던 일을 떠올리며 제안을 거절했다.

"자기야, 미안해. 근데 그렇게는 안 돼. 우리 집 규칙이야. 모든 고객은 술을 사야 해. 1인 1잔, 거기에 접대하는 나에게 샴페인 한 잔을 사줘야 해. 전부 20파운드야. 자, 그럼 뭘 마실래?"

그 말에 긴장한 나는 기침이 나왔다. "어, 착오가 있었나 봐요. 우리가 잘못 왔네요. 혼란을 드려 죄송합니다. 지금 나갈게요…."

순간 내 어깨 위에 손이 올라왔다. 도어맨이 우리 앞에서 어른거렸다. 체격이 런던 공중전화 박스처럼 거대해 보였다.

"이봐, 정상적으로 이 클럽에서 나가고 싶으면 저 멋진 숙녀에게 먼저 돈을 내는 게 좋을 거야." 그는 이렇게 말했다.

모든 것을 감안할 때 그편이 싸 보였다. 대응할 마음은 감히 먹지도 못하고 돈만 털린 채 자존감이 너덜너덜해져서 술집을 나왔지만, 그래도 돈만 잃고 나머지는 멀쩡해서 다행이었다.

이제 영어, 물리, 생물학, 미술에서 O레벨을 통과한 나는 요그와 함께 6학년•을 시작할 참이었다. 컴퓨터공학이 포함된 수학도 O레벨에서 들어야 했다. 그러나 영어, 지리, 사회학은 A레벨을 수강하기로 결정했는데, 어차피 내 관심사는 다른 데 있어서 아무래도 상관없었다. 나는 반쯤 불법적인 범죄의 세계는 내 것이 아니라고 판단한 후, 소호 지하 세계의 소녀들보다 집 근처의 소녀들에게 다시 노력을 기울이기 시작했다. 별 근거도 없으면서 나는 데이트 전선에서 이제 어느 정도 희망이 있을지도 모른다고 생각했다. 그러나 요그의 경우, 상황이 정말 우울해 보였다. 꽉 끼는 녹색 바지를 샀는데 이런 용감한 결정은 아무런 도움이 되지 않았다. 요그는 그 바지가 자신의 기도에 대한 응답이라고 생각하는 듯했다. 사실, 그 바지는 제정신인 여성이라면 누구라도 다가오지 않을 옷이었다. 결국 그는 술에 취해 하룻밤을 보낸 후 집으로 걸어가면서 나에게 좌절감을 토로했다.

• 학제로는 한국 고등학교 3학년. - 역주

"새 바지를 입었는데 좋다고 말하는 사람이 한 명도 없었어. 바보처럼 보였던 거겠지!"

그렇지만 곧 요그의 애정 전선에 좋은 소식이 생겼다. 우리가 모르는 사이에, 요그의 당혹스러운 패션 선택에 개의치 않는 사람이 한 명 나타난 것이다. 레슬리는 요그가 우리 학교에 전학 왔을 때부터 같은 반이었는데 긴 갈색 생머리의 매력적인 소녀였다. 이제 6학년이 된 레슬리는 신체 발육이 친구들보다 빠른 바람에 모두의 시선을 받고 있었다. 좋은 친구였고 유머 감각이 뛰어났다. 여러 해 동안 내가 레슬리를 좋아했는데 내게는 조금도 관심을 보이지 않았다. 그런데 요그에게 눈이 먼 레슬리는 요그가 시시한 농담을 해도 깔깔대며 큰소리로 웃었다. 그러다 친구 톰이 하우스 파티를 열자 요그와 레슬리는 둘만의 기회를 붙잡았다.

톰은 시내에서 조금 떨어진 곳에 살았는데 집 정원에 우리가 모두 뛰어들 수 있을 만큼 큰 텐트를 세웠다. 집이 멀어 밤에 돌아갈 수 없는 친구들에게는 임시 숙소가 되어주었고 놀다가 뻗은 친구들에게는 임시 요양소가 되어주었다. 아침이 올 때까지 부모님 얼굴 볼 일이 없게 된 나는 술을 퍼마시며 신이 나서 여자들에게 들이댔다.

그러다 금세 아주 독한 프랑스제 베르무트주에 쓰러졌는데,

정신 차려 보니 야전병원이 된 천막에 누워있었다. 편한 자세를 취하려고 애쓰면서 바닥 시트와 천막 캔버스천 사이의 작은 틈에 머리를 밀어 넣었다. 그러다 고개를 들자 익숙한 모습이 톰의 차고 문에서 꿈틀대는 것이 모였다. 요그였다! 그는 레슬리의 온몸을 더듬으며 꼭 부둥켜안고 있었다. 공평한 일이지, 잘된 일이야, 나는 생각했다. 약간 부럽기도 했지만 친구의 성공을 축하하며 모자를 벗어야 했다. 내 가장 친한 친구가 불가능해 보이는 일을 해낸 것이다.

요그에게 여자 친구가 생기다니!

재미있는 일은 다 학교 밖에 있었던 나는 6학년의 학교생활이 점점 지루해졌다. 그러다 내 인생에서 하고 싶은 일은 딱 하나라는 결론에 이르렀다. *난 밴드를 결성할 거야.*

잃을 게 없었다. 1979년 영국 상황에서 학교 바깥의 삶은 상당히 암울해 보였다. 나라는 엉망이었고 파업 소식이 신문 헤드라인을 장식했으며 거리는 쓰레기로 가득 차 있었다. 쥐들만 즐거운 시간이었다. 게다가 길어지는 실업수당 줄은 빠르게 국가 위기로 부상하고 있었다. 모두가 미래를 비관적으로 보았다. 밴드의 시작은 탈출구가 되어주었다. 그리고 음악 과목에서 1등 하는 사람만 성공하겠다는 야망을 품을 수 있는 것도 아니었다. 펑크가 보여준 것처럼 누구나 기타를 연주할 수 있었다. 코드 세 개만 있으면.

그 결과 나의 지평이 넓어졌다. 아홉 살 때 콩코드 비행기 기장이 너무나 되고 싶었던 나는 열여섯 살이 되자 음악만 하고 싶어졌다. 밴드에 속해서 곡을 쓰고 음반을 취입하고 얼스 코트, 알렉산드라 팰리스, 넵워스에서 보았던 그런 군중 앞에서 공연하고 싶었다. 스페셜즈와 잼 등의 밴드는 나라 전체의 분위기를 반영했다. 동시에 나는 디스코계를 믿지 못하게 되었다. 당시 디스코계는 영감을 얻기 위해 소울 음악으로 눈을 돌리는 듯했다.

1979년 맥페든 & 화이트헤드가 발표한 싱글 '에인트 노우 스토핑 어스 나우'가 실망의 시작이었다. 이런, 이게 무슨 일이야? 이런 생각이 들었던 나는 다른 곳에서 해결책을 찾기 시작했다. 1977년에는 펑크에 잠시 흥분했지만, 음악보다는 그들의 태도를 더 좋아했다. 그러다 음악에 대한 내 생각을 영원히 바꿔놓은 것은 펑크의 후계자들이었다.

뉴웨이브는 펑크의 모든 에너지를 가지고 있었지만 공격적인 엣지를 낮추었고 엑스티시, 프리텐더즈, 스퀴즈 등의 밴드는 훨씬 더 멜로디로 접근하는 음악을 했다. 실제로 나는 작곡도 하고 있었는데 내가 만든 노래에는 꼬마 때 들었던 비틀즈와 에벌리 브러더즈 앨범의 선율로 가득했다. 엘비스 코스텔로의 '펌프 잇 업'이 라디오에서 처음 터져 나왔을 때는 엘비스 프레슬리의 '제일하우스 록'만큼이나 짜릿했다. 매일 밤 흥미진진한 새 밴드를 쏟아내는 라디오를 들으며 우리 둘은 폴리스, 유투, 비52 등의 음악에 휩쓸렸다. 한편, 스틸 펄스와 그들의 <핸즈워스 레볼루션> 앨범을 앞세운 스카 리바이벌과 브리티시 레게 음악에서도 동등한 영감을 받았다. 영국 현대음악사에서 풍부하고 흥분되는 한 장(章)을 형성한 이 시기의 음악은 20세기 후반의 위대한 팝 아티스트들에게 계속해서 영감을 주게 된다. 왬!도 그러한 아티스트 중 하나였다.

우리 학교에서 요그처럼 밴드의 일원이 되고 *싶어 하는* 친구들이 더 있었는지는 모르겠으나, 그런 마음을 불타는 열망으로 표현하는 사람은 아무도 없었다고 기억한다. 이런 내 마음을 세상 사람들에게 소리치진 않았지만 밴드는 내 인생의 유일한 목적이 되었다. *음악을 하고야 말 거야.* 그 음악을 요그와 함께 할 것이라는 데에는 조금도 의심의 여지가 없었다. 우리는 팝과 록, 전반적으로 삶을 바라보는 방식까지 서로 완벽하게 잘 맞았기 때문에 요그 없이 한다는 건 상상할 수도 없었다. 그러나 요그도 나처럼 열망이 타오르고 있다는 생각은 못 해봤다. 당시 요그는 자신의 재능이 얼마나 깊은지 전혀 몰랐다고 생각한다. 나 역시 몰랐다.

또한, 음악적 포부가 있다 해도 그것을 추구하기 위해 모든 것을 내려놓는 건 망설여졌을 것이다. 14살 때 처음으로 요그에게 작곡 이야기를 꺼냈던 나는 이제 같이 O레벨 공부를 하면서 밴드를 시작하자는 제안을 했다. 그러나 요그는 시험이 다가오는 상황이라 공부에 집중하는 것이 더 중요하다고 생각했다.

"내년에, 앤디. 우선 이번 학기를 잘 마치자…." 요그는 이렇게 말했다.

나는 기다리고 싶지 않았지만 학교생활을 몇 달 더 할 수밖에 없었다. 몇 달이 지나도 내 안의 불은 꺼지지 않았고 여전히 요그와 음악을 만들고 싶은 마음만 간절했다. 요그는 모든 것을 버리고 음악에 집중한다는 *생각*에 자주 관심을 보였지만 (내가 쉴 새 없이 졸라대고 있었다), 부모님 뜻을 거스르고 싶어 하지 않았다. 결국, 부모님 뜻을 거역하는 것보다 내 제안을 거절하는 게 훨씬 더 쉬웠던 요그는 가족의 기대를 무겁게 느끼며 좋은 성적을 받기 위해 쉬지 않고 공부했다. 내게는 A레벨을 마치면 다시 작곡에 관심 둘 수 있다고 약속하면서 말이다.

요그를 기다리던 나는 여러 일을 겪으며 첫 밴드를 결성하게 된다. 유치원 친구 마크 치버스가 기숙학교를 나와 부시로 돌아와 있었다. 마크는 새아버지 집에서 갓 구운 크럼핏 빵에

버터를 앉어 먹으며 내게 조이 디비전을 소개해 주었다. 조이 디비전의 사운드는 계시였다. 나는 그들의 독창성과 이안 커티스의 보컬에 담긴 장엄한 두려움에 경외감을 느꼈는데, 첫 번째 곡 '디스오더'에서 버나드 섬너의 앰비언트 기타 소리를 듣고는 매료되고 말았다. 요그에게 조이 디비전을 소개하자 요그도 그들에게 반했다. 그들의 음악은 지금까지 들었던 어떤 음악과도 현저하게 달랐기에 우리에게 모종의 시금석이 될 참이었다. 이후, <언나운 플레저>와 그들의 두 번째 앨범인 <클로저>는 내가 가장 좋아하는 LP 두 장이 되었다.

마크 치버스는 내게 매혹적인 새로운 사운드를 알려줬을 뿐만 아니라 다른 면으로도 영향을 줬다. 돌아온 마크는 나이 많은 동네 친구들과 함께 팝 스타일의 포스트 펑크 밴드를 결성하고 부시 히스에 있는 새아버지 집에서 정기적으로 리허설을 했다. 밴드 이름은 퀴프스였는데 기타가 주도하는 여러 곡을 요란하게 연주했다. 노래도 상당히 좋았지만, 나는 깡패 같은 그들의 멘탈리티에도 끌렸다. *퀴프스는 패거리였다.* 그들이 음악을 만들고 노래 제목을 적고 옥스퍼드 스트리트의 100 클럽과 같은 전설적인 펑크 공연장에서 연주하게 될 날을 이야기하며 나누는 동지애에 나는 고무되었다. 리허설 장에 앉아 그들의 연습을 들으면서 나의 열망은 더욱 커져만 갔다.

퀴프스 등의 밴드는 종종 사교계의 중심이 되었다. 그들은 존재만으로도 멋졌다. 부시 하이 스트리트의 클럽 '쓰리 크라운즈'는 밴드 퀴프스와 함께 하는 사교 활동의 중심이 되었다. 금요일 저녁이면 홀은 친구들로 가득 찼는데, 우리 중 다수는 미성년자였다. 나는 주크박스에 50페니 동전들을 밀어 넣거나 아니면 그만큼 맥주를 마시면서 돈을 썼을 것이다. 어느 날 밤 술집에서 나는 퀴프스에게 반복되는 문제가 있다는 점을 알게 되었다. 마크는 오랫동안 정규 드러머를 찾기 위해 고군분투하고 있었다. 그런데 중요한 공연이 다가온 지금, 최근 재임자가 다른 곳에 자리를 잡고 떠나버린 것이다. 마크는 교체할 사람을 찾지 못하면 공연을 취소해야만 하는 상황이라고 했다.

문득 어떤 생각이 떠오른 내가 물었다. "요그는 어때?"

마크는 요그의 재능과 타이밍과 필이 뛰어나다고 열광하는 내 말을 주의 깊게 듣다가 결국 설득되었다. 파나요투 집안의 소음 제한 때문에 요그가 분노하며 드럼을 두드리는 걸 그때까지 내가 *실제*로 본 적은 한 번도 없었지만 말이다! 내가 볼 때, 침실에 드럼 키트를 둘 정도면 잘 치는 게 틀림없었다.

"좋아, 연습하게 우리 집으로 데려와. 나쁠 게 뭐 있겠어?"

마크가 말했다.

결과적으로는 크게 나쁜 일이 되었다. 퀴프스는 리허설을 한번 해보더니 만장일치로 요그를 거부했다. 리듬은 괜찮았는데 외모가 문제였다. 요그의 외모는 확실히 '반체제'와는 거리가 멀었다. 그의 외모에서 토킹 헤즈나 수지 & 밴쉬즈의 멤버와 비슷한 데라곤 단 하나도 없었다. 퀴프스가 멋진 '아트파' 스타일을 도모하는 것과는 대조적이었다. 요그는 오디션에서 연주를 잘했음에도 불구하고 통과하지 못했는데, 그저 어울리지 않는다는 이유가 전부였다. 마크가 밴드를 함께할 수 없는 이유를 설명하자 요그는 몹시 화가 났다.

"들어 봐, 걱정할 거 없어. 걔네들이 크게 실수한 거야. 지들만 손해지 뭐." 리허설이 끝나고 집으로 걸어오면서 나는 이런 말로 요그를 안심시켰다.

나도 그렇게 믿었다.

다만, 퀴프스의 결정이 요그에게 미친 파장이 어느 정도였는지 미처 헤아리지 못했다. 이미 자신의 외모에 몹시 예민했던 요그는 자의식이 강한 십대라 해도 좀 심한 편이었다. 당시에는 머리카락이나 몸무게, 옷에 대한 고민을 상당히 잘 숨겼던 요그도 나중에는 거절당한 일이 연약한 자존감에 큰 충격을 주었다고 인정했다. 그때 나는 요그가 좀 실망했다는 건 알고 있었지만 그 나이대 소년들이 다들 선천적으로 감성지능이 충분히 높지 못하듯이 나 역시 그랬다. 나는 요그의 깊은 고뇌를 알아차리지 못했다. 이기적이게도 요그의 거절당한 상처에 오히려 좀 안도하기도 했다. 미래의 작곡 파트너를 다른 밴드에 빼앗긴다는 건 내가 겪고 싶지 않은 문제였기 때문이다. 사실, 요그가 퀴프스의 일원이 되었다 해도 그 밴드가 과연 모호한 혼란 과정에서 벗어날 수 있었을지는 아무도 모를 일이다. 그러다가 우리는 곧 완전히 다른 궤적을 밟게 된다.

6. (좀) 무례한 소년들

모든 것이 바뀌었다. *나는 밴드를 결성하기로 했다.* 요그는 싫든 좋든 우리 밴드에 합류할 것이다. 내가 아는 한 우리 앞길을 막는 것은 아무것도 없었다. 젊은 우리는 같은 열망을 공유했고, 나의 열정은 두 사람쯤은 충분히 책임질 수 있을 만큼 차고도 넘쳤다. 물론, 자신감도. 나는 몇 년 전부터 피아노 레슨을 받았던지라 키보드를 어느 정도는 연주할 수 있었고 요그는 드럼 키트가 있었다. 우리끼리 작곡하는 법을 찾아낼 것이다. 요그는 계속 6학년이 끝날 때까지 음악 활동은 기다려야 한다고 했지만, 말과 행동이 늘 일치하지는 않았다. 공부가 먼저라고 주장하면서도 나랑 같이 기차를 타고 지하철역 버스킹 연주를 하러 런던으로 가고 있었다. 우리 친구 데이비드 모티머가 기타 연주자로 함께 갔다.

요그와 내가 넵워스에서 하는 제네시스 공연표를 사자 데이비드는 "그래, 뭘 하러 가는 거지? 음악이야, 여자애들이야, 아니면 모인 사람들 보러?"라고 물었다. 이따금 매너가 거칠 때도 있었지만 데이비드는 재치도 뛰어나고 음악을 진심으로 사랑하는 유쾌한 아이였다. 요그의 가장 오랜 친구이기도 했기 때문에 나는 데이비드가 좀 거칠어도 봐주는 편이었다.

공부를 열심히 하려는 요그의 마음이 살짝 흔들렸는지는 모르겠지만, 나는 환경 변화가 절실했다. 나는 부시 미즈 학교를 계속 다닐 마음이 조금도 없었다. 6학년 생활은 내가 바라던 사교 활동의 장이 아니었다. 나는 곧 학교 빼먹는 기술을 터득했다. 빈 볼펜 카트리지로 예전 병가 사유서에 있는 엄마의 서명을 종이 위에 대고 꾹꾹 누르며 따라 써서 훌륭하게 위조했다. 그런 다음 만년필로 종이에 남은 자국을 따라 그리면 완전히 신뢰할 만한 가짜 서명이 새로 만들어졌다. 선생님들이 감쪽같이 속을 정도였다. 그러나 몇 달 후 진실은 결국 드러나고 말았다. 9월에 개학한 이후로 공부라곤 한 줄도 하지 않았던 나는 이만하면 됐다는 생각에 담임선생님께 갔다.

"학교를 그만두려고요." 학기 중 방학•이 끝나고 다시 수업이 시작되기 전에 나는 말을 꺼냈다.

• mid-term break. 유럽이나 미국 학교에서 갖는 학기 중 짧은 방학. - 역주

"오, 잘됐구나, 앤드류. 안 그래도 학교에서 나가달라고 말할 참이었어." 선생님들이 그동안 모르고 지나간 게 아니었다.

좋아요, 나는 생각했다. 하지만 먼저 말을 꺼낸 건 나잖아요, 이 할망구야.

그렇지만 그런 걸 찬찬히 얘기할 시간이 없었다. 엄마 아빠와 한판 붙지 않으려면 밴드를 결성하면서 조금이라도 더, 어떤 형식으로든 학업을 계속 이어갈 필요가 있었다. 나는 카시오베리의 오래된 시골 영지에 세운 여러 채의 현대식 학교 건물로 이루어진 카시오 칼리지에 전화를 걸었다. 인터뷰로 내 이야기를 떠들어 댄 후, 영어, 사회학, 지리학 3과목은 A레벨 수강을 허락받았다. 단, 3개월 후 평가에 통과해야 하는 유예과정을 두는 조건이었다. 실제로 A레벨을 받느냐의 문제는 내 관심사가 아니었기 때문에 쉽게 동의할 수 있었다. 이제 나의 유일한 관심사는 요그를 설득해서 함께 그룹을 시작하는 것이었다.

카시오에 내 학적을 만든 후, 나는 요그네 집으로 전화를 걸었다.

"요그, 밴드를 결성하자."

처음에 요그는 하지 않겠다고 버텼지만 선택의 여지가 별로 없다는 걸 그도 알고 있었다. 내가 워낙 자신감이 넘치고 단호하니 요그로서도 어쩔 도리가 없었다. 내가 밴드를 만들면 요그는 합류할 것이다. 더 논쟁할 것도 없었다. 그러나 나는 결정을 밀고 가는 동안 요그야말로 잠재적인 적극적 공범자라는 걸 이미 알고 있었다. 결국 요그는 누그러졌고, 일단 합류하기로 하자 전적으로 열과 성을 다했다. 나는 요그가 노래를 작곡하고 직접 부르며 자신의 능력과 음악에 대한 사랑을 발전시키고 싶어 한다는 것을 알고 있었다. 밴드를 하자며 요그를 선 밖으로 슬쩍 민 건 나였는데, 이는 결국 우리 둘 모두의 삶에서 결정적인 계기가 된다.

얼마 지나지 않아 곧 모든 것이 자리를 잡았다. 요그의 버스킹 파트너인 데이비드 모티머는 우리 집과 같은 길 아래쪽에 살던 기타리스트 앤디 리버와 함께 라인업에 합류했다. 최근 크리스마스 선물로 드럼 키트를 받은 내 동생 폴도 들어왔다. 밴드리더는 요그와 내가 하는 게 좋겠다고 다들 동의했다. 요그와 나는 자칭 리더가 되어 보컬을 분담했고, 소중한 피아노 레슨 덕분에 건반도 내가 맡았지만, 건반은 사실 라이브 공연보다 작곡할 때 더 유용했다.

그때부터 나는 멤버들을 불러 모으고 리허설 공간을 찾으면서 밴드 일정 대부분을 정했다. 처음에는 우리 부모님 댁이 리허설 장소로 유력했다. 엄마 아빠는 밴드 멤버들이 책임을 똑같이 나눠 진다는 조건으로 리즐리 가족의 집을 사용하도록 과감하게 허락해 주었다. 그러나 첫 번째 리허설 장소로 선택한 곳은 요그의 집이었고 이후에는 앤디 리버의 집을 선호했는데, 무엇보다 앤디의 아버지에게 우리 밴드에서 빠진 건반악기인 전자 오르간이 있었기 때문이다. 우리 부모님은 우리가 여러 집 거실과 교회 강당을 전전하며 부족한 장비를 옮길 때마다 도와주셨는데, 고맙게도 좀 더 영구적인 연습실을 찾을 때까지 계속 그렇게 도와주셨다.

우리가 스카와 레게를 좋아했다는 건 당시 우리가 만든 노래를 보면 분명하게 드러난다. 1979년 영화 〈콰드로피니아〉도 우리에게 스타일상 영감을 주었다. 브라이튼 해변의 모드와 록커들의 이야기가 나오는 이 영화는 미학적으로 뛰어났다. 모든 사람이 잼과 많은 스카 밴드, 특히 스페셜즈가 즐겨 입던 깔끔한 수트를 멋지게 차려입었다. 나는 1960년대의 모드 세계에 대해서는 아무것도 몰랐지만, 영화에서 새롭게 재현된 모습은 펑크스타일 이후 깔끔한 정장의 매력을 알게 해주었다. 영화 〈토요일 밤의 열기〉의 영향도 컸다. 두 영화에서 주인공들은 월요일부터 금요일까지 아무 미래가 없는 일을 하다가 주말에만 살아났다. 그게 뭔지 나는 확실히 공감할 수 있었다. 카시오 칼리지에서 수업하는 내내 '쓰리 크라운즈'의 금요일 밤을 고대했으니까. 그러다 곧 영화 〈콰드로피니아〉에서 필 대니얼스가 입었던 옷과 똑같은 녹색 파카를 구입했다.

새로 만든 우리 밴드는 아직 이름도 없었지만 이미 노련한 고수들처럼 움직이고 있었다. 쉴 새 없이 핀잔을 주고받다가 리허설을 하면 서로 고함치는 자리가 되기 일쑤였다. 데이브는 여느 기타리스트들처럼 끝도 없이 즉흥적으로 쳐댔다. 내 동생은 박자만 제대로 맞춰줘도 될 텐데 시종일관 드럼의 모든 북을 치려고 애쓰는 듯했다. 두 사람의 이런 습관 때문에 요그와 나는 혼이 나갈 지경이었다. 그래도 노래하는 것이 정말 행복했던 나는 내 능력과 우리 밴드의 능력을 확신했다. 함께 곡을 쓰면서 말다툼하기도 했지만, 그룹에 대한 나의 믿음은 계속 커졌다. 왜 그랬는지는 모를 일이다. 나는 학교 연극에 한두 번 출연한 적은 있었지만, 학교 합창단에서 노래하거나 연례 학예회에서 공연한 적은 단 한 번도 없었다. 사실, 학예회에 기여한 유일한 기억은 제네시스의 여러 커버 곡을 연주하려는 친구의 노력을 두고 요그와 신랄하게 대화한 게 전부다. 그런데도 나는 *우리* 밴드는 다르다고 생각했다.

당시 요그의 목소리에는 장차 아름다운 보컬이 될 만한 떡잎이랄 게 아무것도 없었다. 초창기 요그는 그다지 개성 있는 보컬이 아니었다. 좋은 가수인 건 분명했지만, 나중에 보여준 그런 음역과 기량을 예감할 단서는 거의 없었다. 개인으로서

나 가수로서나 아직 더 성숙해야 하는 단계였다. 프레디 머큐리나 엘튼 존 같은 가수들을 흉내낼 수는 있었지만 힘이나 자기 확신의 면에서 비교가 안 되었다. 그들에게는 요그가 아직 스스로 발견하지 못한 신념과 카리스마가 있었다. 하지만 그럴 때조차도 마이크 앞에 선 요그는 편안해 보였다.

둘이 함께 밴드를 끌고 갈 때 학교에서 친구로 죽이 잘 맞았던 게 밴드 초창기에도 바로 드러나 덕을 보았을 것이다.

리허설에서 우리는 제대로 된 노래를 함께 부른 건 처음이었는데도 멋지게 조화를 이루었다. 예전에 요그의 침실에서 놀 때 같이 시도한 적은 있었지만, 이번에는 진짜 제대로 하는 공연이었는데 시작하자마자 둘이서 강력하고 활기찬 모습을 보여준 것이다. 우리는 코러스를 함께 부르다가 가사를 서로 바꿔가며 불렀다. 어떤 곡은 처음부터 끝까지 멜로디를 한목소리로 부르고, 어떤 곡은 함께 화음을 만들며 불렀다. 시작부터 느낌이 좋았다. 마침내 나는 요그를 밴드에 끌어들였다. 이제 우리는 함께 음악을 만들고 있었다. 정말 뿌듯했다.

함께 작곡하고 있던 노래를 녹음하기 위해 초반에는 녹음기를 가져왔다. 첫 번째 트랙인 '루드 보이(Rude Boy)'는 우리가 좋아하는 스카 밴드들의 영향을 받았다. 요그와 나는 쿵쿵 울리는 레게 백비트에 맞춰 다음과 같은 가사로 불렀다.

무례한 놈, 무례한 놈,

버릇없고 무례한 놈,

이건 네 녀석 파티가 아냐,

아무도 널 초대하지 않았어.

우리 생각에 이건 확실한 히트작이었다. 그때부터 작곡에 속도가 붙었는데, 만나서 연습할 때마다 새 곡을 적어도 한 편씩은 썼다. 다음으로 만든 곡은 '이그제큐티브'였는데, 고된 사무실 생활에 대해 논평하는 가사였다. 우리는 아주 잘 풀려야만 했다. 밴드가 크게 성공하지 않으면, 다들 실업수당 줄에 서야 할 판이었다. 그래도 우리는 신랄하게 들리는 노래 제목이 마음에 들었다. 모호하고 세련된 이미지가 연상되었다.

'이그제큐티브'는 우리 밴드명이 되었다.

리허설을 하면 요그와 나는 그날 현장에 있는 악기로 곡을 쓰면서 우리가 부를 노래의 멜로디를 대강 잡아보았다. 그러면 다른 멤버들이 동시에 드럼과 기타 파트를 생각해내면서 점차 노래의 형태가 갖추어졌다. 요그와 나는 서로 거의 같은 방식으로 작업했다. 부족하지만 내가 피아노를 쳐본 것 말고는 둘 다 악기를 배운 적이 없었기 때문에, 함께 직관적으로 곡을 썼다. 음악적 재능이 몹시 뛰어났던 요그는 자신을 표현할 수 있는 멜로디를 선별하면서 빠르게 작곡을 터득했다. 그 시기에 우리 둘 다 유능한 뮤지션은 아니었지만, 다듬어지지 않은 재능으로도 노래 연주 정도는 충분히 할 수 있었다. 물론 우리가 작곡하는 노래 중에 특별히 복잡하거나 연주하기 어려운 곡이 하나도 없었던 덕도 컸다만! 나중에 조지는 이그제큐티브를 좀 폄하했지만, 당시에는 나와 마찬가지로 우리가 완벽하다고 생각했다. 나는 몇 달 더 함께 합주하면서 우리의 잠재력을 점점 더 확신하게 되었다.

반면, 내 학업은 그렇지 못했다. 나는 부시 미즈 중학교를 다닐 때처럼 칼리지에서도 A레벨 수업에 아무런 관심이 없었지만, 학생들이 각자 알아서 출석하도록 격려하는 환경은 나와 아주 잘 맞았다. 그 결과, 활발한 사교 활동을 하며 지냈다.

파티! 음악! 여자들!

기회는 번번이 찾아왔는데, 존 필의 라디오 쇼를 통해 알게 된 미국 뉴웨이브 밴드 비-52를 보기 위해 컬리지 친구들과 함께 런던을 가기도 했다. 그다음에는 오케스트럴 머뉴버 인 더 다크의 공연을 보러 갔다. 나의 지평은 새로운 친구들이 늘어나면서 함께 확장되고 있었지만, 요그는 변함없이 내 곁에 있었고 이그제큐티브는 여전히 우리의 중심이었다.

다행히 데이트 분야에서도 나는 새로운 환경에 잘 적응했다.

여학생들은 복도에서 나를 보며 미소 짓고 있었다. 부시 미즈를 다니는 내내 나는 우리 반 여학생 절반가량을 바보처럼 좋아만 하고 별 행동도 못 했지만, 카시오에서는 다른 우주로 던져진 듯했다. 그때 거기서 제대로 사귄 첫 번째 여자 친구 한나를 만났다. 내가 처음 한나를 알아본 건 지리학 시간이었다. 한나는 내 앞줄 책상에 앉아 있었는데, 붉은 곱슬머리가 단번에 시선을 사로잡았다. 수업이 끝난 후, 화려하고 우아한 그 아이와 이야기를 나누면서 매우 창의적인 성향이라는 걸 알게 되었다. 자신의 옷을 직접 디자인해서 만들어 입는다고 하니 더욱 매력적이었다.

마침내 내가 긴장감을 이겨내고 해나에게 데이트 신청을 하자 해나도 승낙했다. 우리 둘 다 몹시 섬세한 성격이라 천천히 관계를 발전시켜 나갔다. 그러다 해나의 부모님이 집을 비우던 주말에 그 집 부모님 침대에서 함께 잤다. 이제는 돌아볼 것도 없었다. 나는 우리 엄마와 아빠가 몇 주 동안 휴가를 간다고 할 때, 해나에게 우리 집에서 하룻밤을 보내자고 제안했다. 해나는 동의해주었다. 다음 날 아침, 아직 우리가 자고 있는데 갑자기 침실 전등이 켜졌다. 엄마와 아빠였다! 예고도 없이 일찍 돌아온 것이다. 부모님은 우리의 행위를 제대로 포착하진 못했지만 무슨 일이 일어나고 있는지 정확히 이해할 수 있었다. 정말 끔찍했다. 격노한 엄마와 다시 사이가 좋아지기까지는 시간이 좀 걸렸다. 10대들의 로맨스가 다 그렇듯이, 몇 주 후 칼리지에서 다른 여학생이 눈에 들어오면서 나는 해나와 헤어졌다.

17살이 되자 인생은 한껏 들뜬 속도로 변화하고 있었다. 음악도 마찬가지였다.

7. 한 걸음 더

사람들은 자주 조지가 이끌고 내가 따라갔을 거라 짐작한다. 1984년 우리가 〈메이크 잇 빅〉 앨범을 취입할 당시는 그랬을지 모르지만, 함께 성장하던 시절에는 그렇지 않았다. 속으로야 조지도 음악이 자신의 운명임을 거의 의심하지 않았겠지만, 그걸 실현할 자기 믿음은 아직 부족할 때였다. 차트 성공까지 가려면 까마득한 밴드 이그제큐티브였지만, 함께 노래를 작곡하면 할수록 재능에 대한 조지의 자신감도 조금씩 더 자라고 있었다.

나는 내 능력을 조지처럼 의심하지 않았다. 나중에는 항상 요그의 재능과 나를 비교하며 창작으로 고군분투하게 되지만, 그 당시에는 온전하고 흔들리지 않는 자신감으로만 보자면 내가 몇 광년 더 앞서 있었다. 게다가 처음부터 함께 아주 잘하고 있는 게 분명해서 나는 우리가 무언가를 해낼 거라고, *멋진 곳까지 갈 거야*라고 전적으로 확신했다. 하지만 내 관심사가 명성, 성공, 돈은 아니었다. 나는 그저 우리와 우리 음악을 믿고 계약을 제안하는 음반사나 매니저가 나타나 주기를 고대했다. 전 세계 수많은 아이들이 꿈꾸듯이 말이다. 그러나 요그의 아버지 잭 파나요투에게는 그래선 안 될 일이었다.

잭은 내가 부시 미즈를 떠났음에도 여전히 아들이 가야 할 진정한 길을 방해하고 있다고 느꼈다. 그는 조지가 대학 졸업장을 받길 바랐는데, 이따금 잭과 마주치면 내가 자신의 아들을 잘못된 길로 인도하고 있다고 생각한다는 것을 알아차릴 수 있었다. 부자 관계도 상당히 힘든 일이라 요그는 음악적 열망을 계속 추구하다가 아버지와 관계가 더 어려워지지 않을까 염려했다. 아버지의 승낙을 바라던 요그는 결국 용기를 내어 아빠에게 이그제큐티브의 노래를 카세트로 들려주기로 마음먹었다. 초보적인 녹음이었지만, 교외 주택의 거실에 차린 임시 스튜디오의 경계를 넘어서는 잠재력을 느끼기에 충분한 멜로디였다. 요그는 카 스테레오에 테이프를 밀어 넣었다.

"이게 뭐냐?" 잭이 의아해하며 물었다.

"우리 밴드예요, 아빠. 지난 몇 달 동안 우리가 작업한 거예요."

잭은 별 감동을 받지 못했다. "이 정도로는 턱도 없지! 요그야, 세상의 모든 열일곱 살짜리들이 다 팝스타가 되고 싶어 해, 안 그러니?"

요그는 바로 대꾸했다. "아네요, 모든 열두살 *짜리*들이 다 팝스타가 되고 싶어 해요."

아버지가 지지해주지 않으니 요그의 좌절감은 점점 더 커져만 갔다.

그러나 그런 일이 밴드의 앞날에 영향을 주진 못했다. 이그제큐티브는 스카우트 헛 18호에서 최초의 공연(우리 밴드로서는 중요한 순간)을 준비했다. 벽은 녹색 페인트가 벗겨져 있었고 가구와 커튼은 퀴퀴하고 축축한 냄새가 배어 있었지만 우리에게는 그곳이 웸블리 같았다.

각급 학교에 포스터를 붙이자 소문이 빠르게 퍼졌다. 우리는 친구들에게 함께해 달라고 졸랐고 더 진지하게 리허설에 임했다. 어쨌든 첫 공연 준비에 긴장한 우리는 서로 더 자주 화가 났다. 과장되게 접근하는 폴의 드럼 연주는 내 신경을 건드렸고 요그를 미치게 만들었다. 그러나 처음부터 이그제큐티브 내부의 '음악적 차이'가 명백히 존재했음에도 불구하고 우리는 그대로 고수했다.

쇼의 고정 레퍼토리는 저절로 정해졌다. 우리가 작곡한 노래가 12곡 정도라 몇몇 커버곡으로 나머지 레퍼토리를 마저 채웠다. 베토벤의 '엘리제를 위하여'를 재작업한 선동적인 스카곡으로 무대를 연 다음, '루디 보이'와 나머지 자작곡들을 부를 참이었다. 앤디 윌리엄스의 노래 '아이 캔트 겟 유즈드 투 루징 유'를 우리 버전을 포함하여 소박하게 우리 식대로 만들 곡들을 부를 참이었다

그때 십대였던 우리는 다들 현금이 부족했다. 우리 중 누구도 원하는 옷을 살 돈이 없었다. 우리는 스카 세계의 기수들이 입었고 2톤 레코드사가 정의한 무례한 소년의 독특한 복장을 입고 싶었다. 그 레코드사의 로고는 검은색 수트, 흰색 셔츠를 입고 검은색 로퍼를 신은 모드족 복장이었다. 모든 사람이 〈탑 오브 더 팝스〉에 나오는 그런 옷을 보고 그대로 따라 입었지만, 우리는 뭔가 안 어울리게 입은 십대 갱들처럼 보이는 옷을 계속 입어야 했다.

나는 무대의상을 준비하러 수 라이더 자선 가게에 들르곤 했는데, 이번에는 쑥색 가죽 재킷, 체스판 패턴 스카프, 펄럭거리는 배기 바지 한 벌을 집어 들었다. 동네 맥주집들에서 예행연습을 했던 우리가 진짜 무대에 오른다고 하니 관객들은 신이 나 있었다. 우리가 진짜처럼 보이든 말든 상관하지 않는 분위기였다.

'엘리제를 위하여'로 무대를 열면서 흥분한 우리는 평소보다 훨씬 빠른 속도로 연주하게 되었다. 요그가 매드니스의 차스 스매시에게서 영감을 받은 댄스 동작으로 자유롭게 활개를 치는 동안 나는 키보드 뒤에 서서 위아래로 껑충껑충 뛰었다. 오두막 공연장을 꽉 채운 100명 남짓한 아이들은 내가 런던에서 요그와 함께 보았던 공연의 청중들처럼 우리 앞에서 고동치는 듯했다. 고정 레퍼토리를 다 마치고 몇 차례 앙코르 요청까지 받고나자, 마치 이그제큐티브가 세계정복 직전까지 온 듯한 기분이 들었다. 나중에 무대를 정리하면서 모든 장비를 챙겨 우리 부모님들의 오래된 차에 집어넣고 집으로 가야 할 때는 그런 기분이 사라졌지만 말이다. 그래도 빛나던 순간이 사라질 순 없었다.

우리의 첫 번째 공연은 대성공이었다.

이제 머지않아 인정받으리라는 확신이 어느 때보다 더욱 커졌다. 다행히, 첫 번째 공연 후 요그도 똑같은 생각을 하고 있었다. 요그도 공연이 정말 좋았던 것이다. 그러더니 뭐라도 될 것처럼 애태우는 일이 일어났다. 친구의 친구를 통해서 이그제큐티브는 A&R담당자 마이크 버뎃이라는 사람을 소개받았다. '스파르타 플로리다 뮤직 그룹'이라는 작은 음반 회사에서 신인 발굴자로 고용된 젊은 남자였다. 유명해지고 싶어 몸이 달았던 마이크는 직접 우리 리허설을 보러 왔다. 우리 노래에 깊은 인상을 받은 듯했으나 우리가 덜 다듬어지고 좀 거칠다고 보았다. 그럼에도 불구하고 마이크는 나와 요그의 관계가 특별하다고 보았고 우리가 무대에 함께 있는 모습이 마음에 든 듯했다.

확실히 관심이 많아 *보이는* 마이크가 계속 리허설에 나타나자, 이그제큐티브가 제대로 탄력을 받고 있다는 느낌이 커졌다. 순조롭게 진행되고 있다는 생각에 우리는 데모를 녹음하려고 자금을 모아 세인트 앨번스 근처의 스튜디오를 예약했다. 1인당 10달러씩 걷고 세션 라인업에 추가하기 위해 동네 색소폰 연주자를 구하기도 했다.

우리는 '무례한 녀석'을 먼저 녹음하기로 했다. 요그와 나는 처음으로 제대로 된 스튜디오에서 마이크 앞에 같이 섰다. '클럽 트로피카나'는 나중에 인트로에 에코로 넣을 생각으로, 노래가 끝날 때 밴드 동료들을 보컬 부스로 불러 파티 분위기를 재현하며 파티 소리를 캡처했다. 그리고 첫 공연에서 그랬던 것처럼 날카로운 스카 에너지로 '엘리제를 위하여'를 녹음하고 앤디 윌리엄스의 노래 '아이 캔트 겟 유즈드 투 루징 유'를 우리식으로 재작업한 버전으로 모든 녹음을 마무리했다. 레코드 계약이 성사되는 데 도움이 될까 해서 처음으로 사진 촬영을 하기도 했다. 요그는 구겨진 크림색 양복을 입었는데, 배리

깁 스타일로 턱수염을 기르려는 시도가 성공하지 못하면서 옷이 빛을 보지 못했다. 나는 배기바지에 어딘가 마르셀 마르소에게 빌려 입은 듯한 줄무늬 티셔츠를 입었다. 우리가 찍은 사진은 장차 이그제큐티브가 「사운즈」나 「멜로디 메이커」의 페이지를 장식할 기회를 갖는 데 별 도움이 되지 않았던 게 틀림없다. 나중에 알고 보니 데모도 마찬가지였다. 스파르타 플로리다에서 일하는 마이크의 상사들은 우리의 노력에 별 감동을 받지 못하고 더 이상 진행하지 않기로 결정해버렸다. 정말 실망스러운 소식이었다. 한껏 고조되었던 희망이 푹 꺾여버렸다. 우리가 아직 기지도 못하면서 달리려고 시도했다는 걸 깨닫자 실망감이 조금 달래어지긴 했지만 말이다. 과연 실현될 수 있을지 꿈같은 일이었지만, 잠깐이라도 레코드 계약의 가능성을 접해보니 더욱 결심이 타올랐고 계속 희망을 갖게 되었다. 그래도 다양한 라이브 프로그램에 들어가려고 애썼던 우리의 노력은 다행히 곧 성사되었다. 해로우 컬리지의 학생회를 간신히 설득해서 바이브레이터즈 공연에 지원 밴드로 출연하는 큰 성과를 거든 것이다. 바이브레이터는 〈탑 오브 더 팝스〉에 출연한 적이 있는 펑크 밴드였다. 유명한 밴드와 함께 연주할 기회가 생겨 몹시 행복했지만, 한편으로는 펑크로 가득한 공연장에서 어떻게 연주해야 할지 걱정도 되었다. 놀랍게도 그 날 10

곡을 부르고 앙코르까지 한 곡 마친 우리는 그들을 누르고 잡아먹히지 않은 채 공연장을 빠져나왔다. 더 중요한 건 우리가 지역 기자의 시선을 사로잡아서 첫 리뷰가 나왔다는 점이다.

"'이그제큐티브'의 음악에 맞춰 춤을 추지 않으려면 매우 타당한 이유가 있어야 할 것이다. 두 다리가 부러졌다 해도 충분한 핑계가 안 될지 모른다." 그는 이렇게 썼다. 이후 지역신문과 인터뷰를 하면서 우리가 아직 음반 계약을 못했다고 불평한 기억이 난다. "우리는 지금도 음악 산업이 어떻게 돌아가는지에 대해서는 숙맥이에요." 우리는 공연 준비로 약 30파운드의 경비를 썼는데 주최측은 우리에게 출연료로 맥주만 주었다고 설명하면서 나는 이런 말을 했다. 하지만 실제로는 우리를 무대에만 올려준다면 나는 해로우 컬리지 학생회에 얼마든지 흔쾌히 비용을 냈을 것이다! 나중에 엄마는 자랑스러워하며 이 기사를 오려서 스크랩북에 붙여두었다.

기사에서는 이그제큐티브의 두 가수로 요그 파노스와 앤드류 리즐리를 꼽았는데, 아무도 이의를 달지 않았다.

8. 멜로디 메이커

이그제큐티브의 상황이 마침내 나아질 것 같아지자마자 모든 것이 다시 혼란에 빠지고 말았다. 다음 공연은 내 구역이라 할 카시오 칼리지에서 열릴 예정이었다. 이번 공연은 특히 흥미로울 듯했다. 내 친구들이 모두 올 테니 우리가 잘한다는 걸 증명해 보일 기회였다. 그러나 이그제큐티브는 해체되는 중이었다. 밴드 결성 이후에 베이스 연주자로 제이미 굴드, 또 다른 기타 연주자로 레슬리의 형제인 토니를 데려왔다. 기타리스트가 세 명이나 되니 역할을 조정해야만 했다. 우리는 앤디 리버를 밴드에서 내보내자는 어려운 결정을 하고 그에게 그 말을 전했다. 그런데 카시오 공연 전날 토니와 제이미도 밴드를 떠나버렸다! 남은 네 명은 공연을 취소하지 않고 그냥 진행하기로 결정했다. 리허설에서 어슬렁대는 것 이상은 한 번도 제대로 연주해본 적 없는 요그가 전체 레퍼토리 10곡의 베이스 파트 전부를 배웠다! 기적처럼 거의 완벽하게 익혔다. 그러다 결국 일부 베이스 라인에서 막히자 요그는 연주 대신 마이크에 대고 그 대목을 즉흥적으로 노래했다. 내가 관객의 시선이 분산되도록 유도한 것도 큰 도움이 되었다.

공연 당일 밤, 나는 콜 아이라이너를 바르고 또 다른 대담한 패션을 과시했다.

떠오르는 뉴로맨틱 음악계는 화려하게 훙청대는 분위기였는데, 데이비드 보위와 T. 렉스 등의 영향을 받아 성적 경계가 모호해 보였다. 짧은 머리의 여자들과 화장을 한 남자들은 모두 화려한 옷을 입었다. 그런 외모는 몽환적인 신디사이저와 팝적인 멜로디의 사운드트랙과 잘 어울렸다. 게리 뉴먼의 튜브웨이 아미는 히트곡 '아 〈프렌즈〉 일렉트릭?'을 발표하고 비사주에서 듀란듀란에 이르기까지 많은 밴드가 등장할 수 있는 문을 열었다.

나는 내 안의 뉴로맨틱 성향을 한때 할머니 소유였던 진정한 스튜어트 킬트•로 표현했다. 알록달록한 술이 달린 무릎 길

• 스튜어트 왕조를 상징하는 타탄 킬트. - 역주

이의 크림색 양말 한 켤레로 상쇄된 타탄••이었다. 요그네 집에서 파티가 있던 날, 그 양말을 처음 신고 가는 바람에 내가 아들에게 나쁜 영향을 줄 거라는 잭과 레슬리의 의혹만 확고해졌다. 솔직히 말하자면, 요그도 혼란스러워했다. 현관문을 열어주던 요그는 경악하는 눈빛으로 나를 보았다.

"어, 앤디, 이게 그 망할 킬트야?"

"응, 뭐 어때! 멋지잖아." 나는 뻔뻔하게 굴기로 작정하고 대답했다.

실제로는 멋지지 않았지만. 그래도 카시오 공연에서 내 양말은 친구들이 요그의 서툰 베이스 연주에 집중하지 못하도록 시선을 분산시키는 역할을 톡톡히 해냈다. 다음날 아침 나는 고개를 치켜들고 대학 휴게실로 들어갔다. 천만다행이었다.

이제 앤디, 제이미, 토니가 빠지면서 정돈된 우리 밴드는 스튜디오로 돌아와 녹음에 들어갔다. 리허설과 쇼를 통해 발전한 이그제큐티브인 만큼, 이전에 우리를 좌절시켰던 일부 레이블이 새로운 데모 테이프를 들으면서 자신들이 무엇을 놓치고 있는지 깨닫게 되길 바랐다. '와이?', '도나', '뉴 어드벤처스' 같은 멋진 제목의 노래가 테이프로 제작되었다. 베이스는 요그와 데

•• 다양한 색의 가로세로 줄이 서로 엇갈리게 들어있는 스코틀랜드 전통 킬트 무늬 - 역주

이브 모티머가 나누어 연주했고, 노래는 요그와 내가 맡았다. 기타는 내가 데이브와 함께 연주했고 백보컬은 모든 멤버가 참여했다. 데모 결과는 처음 만들었던 테이프보다 크게 나아졌다. 우리의 자작곡을 포함하여 노래는 더 좋아졌고 연주도 향상되었다. 이번에는 우리가 훌륭하게 해냈다고 생각했다. 이제는 음악 산업계가 우리를 무시할 리가 없었다. 요그와 나는 직접 데모를 들고 레코드 회사에 팔러 다니기로 결심했다. 이제 요그에게 자유시간이 좀 생긴 터였다. 나보다 열심히 공부하는 요그였지만, A레벨의 음악이론 수업은 수강 취소하고 영문학과 미술만 듣고 있었다. 요그와 나는 이그제큐티브의 지정 대리인을 자처하며 함께 레코드 계약을 따기 위해 런던으로 향했다. 록의 역사에 푹 빠져있던 나는 우리가 관심을 끌려면 주요 레이블의 로비에 가서 중요한 인사가 우리 데모를 들어야 한다고 요구하는 수밖에 없다고 믿었다. "이 기회를 놓친다면 크나큰 실수를 하시는 겁니다." 내 말을 듣고도 다들 우리를 거절했다. 우리는 여러 회사를 찾아가 로비와 회의실에서 몇 시간이고 기다렸지만, 잘 될 만한 곡이 없다는 말만 계속 들었다. 충격적인 얘기였다.

다른 사람들이 더 잘하고 있어요.

히트 칠 만한 게 하나도 없네요.

이 정도로는 안 됩니다.

우리는 승산이 없다는 걸 받아들였다. 이번에는 진짜 제대로 뚫었다고 생각했는데 말이다. 좌절에 상처받았는데, 더 큰 좌절이 기다리고 있었다.

계약체결에 실패하고 의기소침해진 우리는 대신 라이브 공연에 희망을 걸었다. 데이브는 해로우 컬리지에서 또 다른 공연을 준비하고 있는데 이번에는 우리가 헤드라이너로 나갈 거라고 말했다. 그러다 데이브는 자꾸 안 보이기 시작했고 세부사항은 뒤죽박죽이 되었다. 날짜가 바뀌었는데 데이브에게 정확한 정보를 들을 수가 없었다. 낙심한 나는 요그에게 의논을 해야겠으니 우리집에 와달라고 부탁했다. 발뺌하는 데이브에게 지친 우리는 요그가 직접 데이브에게 전화해서 진실을 캐내자고 결정했다. 요그는 통화하다가 도중에 나를 보더니 공연은 없다고 말했다. 전부 다 완전히 거짓말이었다.

나는 몹시 화가 났다. 데모를 거절당한 지금으로서는 전보다 훨씬 더 중요해진 공연이었는데, 데이브가 우리를 속인 것이다. 나중에 알고보니 데이브는 이그제큐티브에 흥미를 잃고 다른 밴드를 집적대고 있었다. 데이브는 탈퇴했다. 그도 우리를 원치 않았고 우리도 그를 원치 않았다. 동생 폴에게 데이브가 나간 소식을 알려주니 동생도 우리 밴드를 떠나 소울 벌리

언트라는 3인조 재즈 펑크팀에 합류하겠다고 공표했다. 폴은 더 생동감 넘치는 자신의 스타일을 마음껏 펼칠 수 있는 곳에서 연주하고 싶어 했다. 폴의 그런 스타일에 요그와 나는 질색했지만, 어쨌든 폴이 떠나면서 이그제큐티브는 끝나버렸다.

어느 날 저녁, 새 밴드의 테이프를 들고 집에 온 폴은 엄마와 아빠 외에는 누구도 듣지 못하게 했다. 나는 궁금증을 참지 못하고 몰래 들어봤다. 솔직히 내가 재즈 펑크의 열렬한 팬은 아니었지만 이런 생각을 하지 않을 수 없었다. '겨우 *이걸* 하려고 이그제큐티브를 떠났어?' 이런 말을 폴에게 하고 싶은 유혹을 꾹 참았지만 그도 알지 않았을까. 어쨌거나 엎질러진 물이었다. 폴과 데이브의 믿음이 부족했다는 건 이그제큐티브가 신인으로 나서려는 시점에 요그와 내가 버림받았다는 의미였다. 이제 우리는 서로밖에 없었다. 어떻게든 함께 음악을 계속 만들 것이라는 점은 물어볼 필요도 없었다. 그런 우리에게 곧 새로운 스파링 파트너가 생겼다.

'쓰리 크라운즈'에서 너무나 예쁘고 귀여운 금발의 셜리 홀리맨이 내 시선을 사로잡았다. 나보다 한 학년 위였지만 16세 때 학교를 그만두고 서섹스로 가서 승마 강사 훈련을 받았다. 얼마 전에 부시로 돌아온 셜리에게 내가 용기를 내어 인사했는데, 얘기해보니 금세 죽이 잘 맞았다. 따뜻하고 재미있는 셜리가 나와 데이트를 하겠다고 말해주어 정말 기뻤다.

둘 다 열정적이었던 우리는 다음날 저녁에 바로 만나자고 했지만, 알고 보니 썩 현명한 결정이 아니었다. 다음날은 나의 열여덟 번째 생일이었다. 점심 때 친구들과 생일을 축하하며 몇 잔 걸쳤다. 내가 뭐에 씌어 칼스버그 스페셜 브루를 골랐는지는 모르겠지만, 그 덕에 저녁이 다가올 무렵에는 한 문장도 제대로 연결해서 말하지 못하는 지경이 되었다. 비틀거리며 집에 돌아와 침대에 쓰러졌는데 머릿속이 빙빙 돌았다. 하지만 그래도 셜리에게 말을 해야만 했다. "미안해." 전화기에 대고 웅얼대는데 방이 천장의 선풍기처럼 내 주위를 빙빙 돌았다. "생일 축하로 몇 잔 마셨는데 살짝 정신줄이 끊겼어…."

결국 다시 만났을 때 나는 셜리가 기본적으로 관용적이고 사려 깊고 이해심 많은 사람이란 걸 알게 되었다. 또한, 지금까지 내가 알던 소녀들보다 훨씬 더 세상 물정에 밝고 독립적인 사람이기도 했다. 셜리의 큰오빠가 데려간 세필드 노동자 클럽의 일요일 아침 스트립쇼에서 내가 본 볼썽사나운 장면들을 이야기하자, 셜리는 궁금해하는 동시에 불쾌해하면서 그 모든 이야기를 담담하게 들었다.

우리는 곧 떼려야 뗄 수 없는 사이가 되었다. 인생을 충만하게 살겠다는 셜리의 결심에 푹 반한 나는 이그제큐티브로 음반 산업을 정복하려던 시도가 실패했던 일이랑 요그와 내가 우리의 다음 단계에 대해 얼마나 확신이 없는지를 이야기했다. 요그는 그 즈음에 런던 북부의 소울 펑크 그룹 오디션에 오라는 연락을 받았다. 세션으로 합류한 나는 그 그룹이 연주력의 비중이 높고 노래의 비중이 낮다는 걸 알고 안도했다. 요그가 떨어진 걸 알고는 더욱 안도했다.

"당신은 우리가 찾는 사람이 아니네요." 그 밴드의 리더격인 작곡가 겸 가수가 이렇게 말했다. 자신이 지금 뭘 놓치는지 모르고 있는 게 다행이었다.

집으로 돌아오면서 요그와 나는 앞으로 계속 함께 작업하자고 마음을 모았다. 나는 이제 요그와 셜리가 만날 때라고 생각했다. 우리 셋은 관심사가 정말 비슷했기 때문에 둘이 만나면 바로 통할 거라고 봤다. 나와 함께 요그의 집에 간 셜리는 요그를 즉시 알아보았다.

"어머나, 세상에. 학교에서 보던 괴짜 안경잡이잖아!" 셜리는 요그가 수집한 음반을 자세히 살펴보기 위해 그의 2층 방으로 함께 올라가면서 내게 귓속말을 했다. 다행히 셜리는 곧 놀라움을 극복하고 바로 적응했다.

그 후 몇 주 동안 셋이서 함께 클럽을 다녔다. 요그의 침실에서 우리만의 댄스 동작을 만들며 사우스 해로우에 있는 보거츠 등의 클럽에서 보낼 밤을 준비했다. 우리는 듀란듀란의 '플래닛 어스'와 스팬도 발레의 '챈트 넘버원'에 맞춰 춤을 췄다. 나는 허공에 대고 크게 발을 돌리는 사이드킥 동작을 개발했는데, 우리 셋만 멋지다고 생각했지 다른 사람들에겐 우스꽝스럽게 보였을 것이다. 이는 런던에서 보았던 '르 비트 루트'나 '웨그 클럽' 등 뉴 로맨틱 음악계에서 멋짐의 대명사로 나오던 공간에 대한 우리식의 교외 버전이었다. 우리는 젊고 단순했으며 함께 있을 때 가장 행복했다. 셋이 하도 붙어다니니 우리 할머니가 혹시 괴상한 삼각관계인지 큰 소리로 물어보실 정도였지만, 함께 있으면 정말 편안했다. 얼마나 편한 사이였으면 셜리가 내게 실은 요그랑 춤추는 게 더 좋다고 거리낌 없이 말했겠는가. "너랑 추면 마치 다른 사람의 자전거를 타는 것 같아. 뭐랄까 너무…, *딱딱해.*" 어느 날 밤 셜리는 이렇게 말했다. 물론, 나는 아무렇지 않았다. 뭐, 많이 신경쓰진 않았다는 뜻이다.

어쨌거나 금요일과 토요일 밤의 보거츠 클럽은 춤출 공간이 많지 않았다. 사람이 많아서 항상 서로 부딪혔고 주말이라 그런지 술도 더 많이 마시는 편이었다. 내가 개발한 크게 발을 젓는 사이드킥은 존 트라볼타를 연상시키기보다는 싸움으로 번질 가능성이 더 컸다. 하지만 화요일은 달랐다. '얼터너티브'의 밤이었다. 우리 셋은 '파파스 갓 어 브랜드 뉴 피그백'이나 블루 론도 아 라 터크의 '미 & 미스터 산체스' 등 더 멋진 곡에 맞춰 춤을 췄다.

때로는 요그와 내가 서로 짝이 되어 추었고, 때로는 셜리가 함께 연습했던 안무대로 우리 춤에 합류했다. 함께 술 마시고 춤추면서 우리 셋의 우정은 점점 더 깊어졌다.

9. 왬! 뱀!(아이 엠 더 맨!)

1981년 내내 영국은 일촉즉발의 화약고였다. 나는 컬리지나 고등학교를 졸업하는 상급반 친구들이 졸업 후 직면하는 좌절감이 무엇인지 아주 잘 알고 있었다. 기세 좋게 졸업시험을 통과한 학생들은 결국 점점 길어지는 실업수당 줄 끄트머리에 서야 했다. 약 250만 명이 일자리를 잃었고 도심에서는 고조된 긴장이 폭동으로 이어졌다. 브릭스톤, 톡스테스, 핸드워스 지역에서 일어난 분노의 불길은 문화적으로나 사회적으로 우리와는 몇 광년 동떨어진 일이었다. 요그와 나에게 어른들의 세계란 성공해야만 하는 가혹한 곳이었다. 그래서 우리는 현재를 살았다. 우리는 친구들과 서로 즐겁게 지냈고 음악에 신경 쓰느라 늘 바빴다. 저렴한 홈 레코딩 장비 덕분에 9시부터 5시까지 일하는 지루한 직업이나 그보다 더 나쁜 지루한 실업 상태에서 벗어날 수 있었다. 학교나 시험에 전혀 신경쓰고 싶지 않았던 터라 차라리 다행이었다.

여름이 다가오자 내가 A레벨 통과에 실패하리라는 게 한층 분명해졌다. 내 노골적인 태도에 인내심이 한계에 다다른 카시오 교장 스트래천 선생님은 나에게 유예기간인 3개월 과정을 다시 듣도록 했다. 나는 강의 시간마다 선생님들께 시간표대로 열심히 수업을 듣고 있다는 인상을 주려고 기발한 출석 요령을 개발했다. 그러니 내가 빼먹었던 수업 과정을 제대로 듣게 하려는 선생님들의 시도는 결실을 맺지 못했다. 상급 교육을 마저 받는 것보다 술집, 음악, 셜리에게 관심이 더 많았던 나는 결국 시험을 보지 않기로 마음먹었다. 아무 소용없는 일이었다. 그동안 교과서도 전혀 읽지 않았고 에세이도 전혀 쓰지 않았으니 말이다. 부모님께는 낙제 결과가 발표될 때까지 기다렸다가 소식을 전하기로 마음먹고 나니 변명거리를 생각할 시간이 몇 달 생겼다.

어쨌든 우리는 세상 일에 아무 책임이 없는 사람들처럼 태평하게 살았다. 한때 이그제큐티브의 밴드 동료였던 데이브 모티머가 왓포드의 수영장 관리원으로 일하고 있어서 그곳에 놀러가곤 했다. 왓포드의 엠파이어 극장에서 영화 〈죠스〉를 본 이후, 요그는 바다에 들어가는 걸 무서워했지만 수영장에서는 그럴 일이 없었으니까. 요그와 셜리와 나는 물속에서 장난치며 오후 시간을 보냈다. 그즈음에는 집에서 놀 기회가 거의 없었다. 엄마는 새집을 꾸미는 데 열심이었다. 우리 가족은 부시에 있는 킹 조지 5세 유원지 반대편의 칠턴 애비뉴로 이사했는데, 재산이 늘어나자 엄마는 겉모습과 장식을 전보다 훨씬 더 소중하게 생각했다. 새집은 더 이상 예전처럼 편안한 집이 아니었다. 돌이켜보면 충분히 이해할 만한 일이었다. 엄마는 수십 년 동안 쓸데없이 써대는 두 아들을 키우며 아무것도 없이 살아왔다. 나는 엄마와 아빠가 이만큼 이루신 게 자랑스러웠지만, 그래도 18세 미만은 집에 들어올 때 신발을 벗어야 한다는 엄마의 규정은 짜증스러웠다. 무슨 왕궁에 들어가는 것도 아니고 좀 지나쳐 보였다. 게다가 엄마와 아빠는 내게 새집에 함께 사는 비용으로 일주일에 20파운드를 내라고 했다.

하긴, 요그는 파나요투 집안에서 더 힘든 시간을 보내고 있었다. 잭은 최후통첩으로 이렇게 말했다. "6개월 안에 음반 계약을 하거나 직업을 구해. 아니면 *이 집에서 나가.*"

고조되는 긴장 속에서 시간은 계속 흐르고 있었다.

결국 요그는 아버지 식당인 앵거스 프라이드에서 접시닦이부터 시작해 정신이 쏙 빠지는 온갖 일을 하면서 견뎠다. 브리티시 홈 스토어의 창고에서 잠시 근무하기도 했지만 회사 셔츠와 넥타이를 매지 않았다는 이유로 해고당했다. 그러다 건설 현장에서 보수가 좋은 일자리를 구해 몇 주 동안 땀을 흘리며 투덜대더니 이번에는 왓포드의 엠파이어 영화관 안내원으로 고용되었다. 우리가 〈토요일 밤의 열기〉를 보러 가서 성공적으로 입장했던 바로 그 영화관이었다.

우리의 우정을 지탱해주는 두 기둥은 언제나 음악과 코미디였다. 몇 년 전에 둘이서 몬티 파이튼의 영화 〈몬티 파이튼의 성배〉를 볼 때는 너무 크게 웃다가 내가 통로에 떨어질 뻔한 적도 있었다. 이제 요그는 재미있는 신작 영화들이 영국에 출시되면 내게 곧장 알려줄 수 있었다. 또한 블록버스터 영화들이 대형 스크린으로 상영되면 며칠 만에 대본을 다 암송하기도 했다. 당시에는 영화관에 같은 영화가 여러 주에 걸쳐 오래 걸려 있었는데, 흥행이 잘 되는 영화는 특히 더 그랬다. 요그는 적어도 한 달 동안 하루에 두 번씩 매일 같은 영화를 보면서 일해야 했다. 지루함을 달래기 위해 요그는 대사가 화면에 나오기 몇 초 전에 미리 그 대사를 맞히는 게임을 했다. 어떻게 버텼는지 모르겠다. 같은 영화를 계속해서 봐야 한다면 나는 농땡이를 좀 쳤을 텐데.

그러나 요그의 직업윤리는 철저했다. 그는 엠파이어 극장에서 일하면서 노스우드 근처 벨 에어 레스토랑의 상주 DJ로도 일했다. 요그처럼 음악을 사랑하는 젊은이에게 DJ 일이 겉보기에는 꿈의 티켓처럼 보였을지 모르지만, 실제로는 상당히 영혼을 갉아먹는 일이었다. 벨에어는 단골손님들이 댄스 플로어 주변 테이블에 앉아 3가지 코스 요리를 먹는 소박한 저녁 식사 겸 댄스 시설이었다.

저녁 식사 시간이면 요그는 잔 부딪치는 소리와 커플들의 수다 소리를 배경으로 음반을 틀었다. 몇 곡은 자신의 소장 레코드 중 보석을 골라서 트는 게 허용되었지만, 대개는 좀 더 평범한 음악을 틀어야만 했다. 아바나 잭슨즈를 너무 많이 틀면 치킨 키이우•를 먹던 사람들이 입맛을 잃을지도 몰랐다.

"안녕하세요." 요그는 백그라운드 뮤직에 끼어들며 이렇게 말하곤 했다. "벨에어에 오신 것을 환영합니다. 이제 음악을 들어보실 텐데요…." 그러나 레코드 데크가 포스트 뒤에 있어서 자기소개가 끝나면 요그는 바로 단조로운 레스토랑의 인테리어처럼 묻혀 버렸다.

투덜대는 것도 이해가 갔지만, 그래도 요그는 노력하면 1주일에 약 70파운드는 받았으니 벌이라도 좋았다. 나는 아니었다. 이전에 휴일이면 아빠가 다니는 카메라 장비 전문회사 J. J. 실버에서 일한 적이 있었는데, 어떤 곳인지 너무나 잘 알아서

• 우크라이나식 치킨 커틀렛 - 역주

피하고 싶었다. 솔직히 창고에서 일하는 건 크게 싫지 않았다. 직원들끼리 가벼운 농담을 하면서 적당히 게으름피우기에 좋았다. (한 번씩 미로 같은 장비와 재고들 속에 숨어서 골판지 상자로 만든 침대에 누워 잠을 자기도 했다.) 하지만 이런 경험은 지루한 직업은 피하고 곡을 쓰고 음악을 만들자는 내 결심만 더 굳혀주었을 뿐이다. 카시오를 중퇴한 나는 카메라 장비의 세계로 돌아갈 기회를 애써 붙잡지 않았다. 그러나 아빠의 뒤를 따르지 않겠다고 결정하고 나니 실업 통계에 또 한 명의 실업자가 되었을 뿐이었다.

요그와 나는 일하거나 노래하지 않을 때면 좋아하는 나이트클럽에 가서 춤을 췄다. 클럽 보가트에서는 캐피털 라디오 DJ 게리 크로울리가 스팬도 발레와 토킹 헤즈 등 최신 히트곡을 틀어주었다. 그러다 그의 선곡 목록에 힙합이 등장했다. 1981년에 힙합은 여전히 비교적 새로운 개념이었는데, 뉴욕의 길거리 파티에서 처음 등장했던 힙합은 그들의 클래식이라 할 '래퍼스 딜라이트'나 그랜매스터 플래쉬, 슈거힐 갱의 싱글에 이르러 주류 음악에 들어왔다. 요그와 나는 둘 다 힙합팬이어서 게리가 힙합을 틀 때마다 플로어에 나가서 춤추고 싶은 유혹을 참을 수가 없었다. 셜리와 함께 있을 때는 더욱 그랬다. 딱 붙는 검정 스커트에 체크 셔츠를 입고 두꺼운 벨트로 허리를 잘

록하게 졸라맨 셜리는 정말 멋있었다. 우리가 셜리를 사이에 두고 앞뒤로 바싹 붙어 서서 요그의 침실에서 연습했던 동작으로 춤을 추면, 셜리의 관심을 끌려고 둘이 싸우는 것처럼 보였다. 그러다가 내가 한 손으로 셜리를 끌어안으며 다른 손으로 주먹을 쥐고 허공에 휘둘렀다.

"*웸! 뱀! 아이 엠 더 맨!*" 음악의 비트에 맞춰 내가 외치듯 노래하면, 요그는 내가 부른 가사를 따라 부르며 합류했다. *웸! 뱀! 아이 엠 더 맨!* 처음에는 그저 즉흥적으로 외치는 소리였는데, 그러다 곧 중요한 가사가 되었다. '웸! 뱀! 아이 엠 더 맨!'에는 젊은 우리 밴드의 정신 그 자체가 담겨 있었다. 즐거운 시간, 친구들과 멋진 음악에 맞춰 춤을 추는 것, 약간의 태도도 갖추어서. 우리를 차별화하고 정의할 수 있는 매력적인 믹스였다.

우리의 젊은 에너지와 열정을 감안한다면, 요그와 내가 떠오르는 음악적 영감보다 더 열심히, *더 빠르게* 곡을 썼다는 건 그리 놀랄 일이 아니다. 우리는 랩의 스타카토 같은 대사에 디스코를 섞었다. 슈거힐 갱이 칙의 '굿 타임즈' 베이스 라인을 자신들만의 라임으로 보강했던 것처럼 말이다. 그런 다음 우리만의 흥미로운 목적지에 도달할 수 있기를 바라며 팝을 추가했다. 둘 다 함께 겪은 십대의 경험들이 조각조각 노래에 스며

들기를 원했다. 교육 시스템을 충실히 이수한 우리를 기다리는 건 결국 막 다른 일자리나 실업수당이었다. 동시에 우리가 아는 어떤 사람들은 사회보장에 의지해 살았지만 댄스 클럽을 다니며 자선 가게에서 적은 수입을 털어서 뉴로맨틱 이미지에 어울리는 빈티지 옷을 샀다. *하지만 이런 생각들을 어떻게 섞을 수 있을까?* 뜻밖에도 함께 가사를 다듬는 동안 보가트에서 내가 생각해낸 장난스런 노래가 발판이 되어주었다.

왬! 뱀!
아이 엠! 더 맨!
직업이 있든 없든
내가 남자가 아니라곤 말 못할걸.
당! 신!
지금 일이 즐거운가?
아니라면, 그만둬!
거기서 머뭇대다 썩지 마!

이 가사는 십대 후반이던 우리의 현실을 관통하는 말이었다. 무관심한 식사 손님들이 가득한 홀에서 똑같은 레코드를 반복 재생하느라 지쳐 있던 요그는 클럽 '르 비트 루트'에서 청중의 호응을 이끌어내는 랩 음악의 힘을 목격했다. 우리가 '왬랩'이라고 부르기로 한 노래에는 또 다른 구어체 스타일의 묻고 답하는 가사가 추가되었다.

일하고 싶어?
아니!
즐기고 싶어?
응!
자, 하나, 둘, 셋, 랩,
여러분,
헛소리는 됐어!

이 노래를 발매할 당시, 사람들은 노래 가사가 실업수당 받는 삶을 미화하고 있지 않느냐는 사실에 주목했지만, 우리는 그저 우리 자신의 삶을 장난스럽게 묘사했을 뿐이었다. '왬랩'에서 요그는 '소울 보이(영혼의 소년)'였고 나는 '도울 보이(실업 소년)'이었다. 9시부터 5시까지 근무하는 고된 일자리에 안주할 생각이 없었던 우리에게는 잭의 최후통첩도 멋진 가사가 되었다. "일자리를 구하든지 이 집에서 나가든지!" 뉴로맨틱 음악계의 화려함, 힙합, 디스코, 1980년대 영국의 답답한 현실 속에서 우리는 우리만의 작곡 스타일을 발견했다.

당시 상황은 우리가 밴드를 결성하기에 더없이 좋을 때였다. 나는 실업수당으로 살면서도 별걱정이 없었지만 요그는 초조한 환경에 처해 있었다. 요그네 아버지는 옆에서 시간을 재고 있었고 주변 사람들은 다들 무언가를 하고 있었다. 데이비드 모티머는 어찌어찌 일자리를 구해서 태국으로 떠났는데, 가면서도 기어이 요그의 작곡 열망을 신랄하게 비판했다.

요그가 빅토리아 역에서 손을 흔들며 데이비드를 배웅하던 날, 기차가 플랫폼을 출발하자 창밖으로 데이비드의 외침이 들렸다. "요그, 네 음악이 조금이라도 좋았으면 벌써 계약이 되었겠지. 네 음악은 똥이야!"

그러나 당시 자신의 음악에 대한 믿음이 커지고 있던 요그는 데이브 말에 크게 신경쓰지 않았던 듯하다. 데이브가 그랬다는 얘기를 내게 해준 것도 여러 해가 지나서였다. 요그의 결의는 나만큼이나 강했다. 동료에게 비열한 말을 듣는다 해서 궤도이탈할 일은 거의 없었다. 무엇보다 우리는 다른 곡 작업을 시작한 참이었다. 레코드 계약을 성사시키려면 우리 이름에 '왬랩' 이상이 필요했다.

'클럽 트로피카나'는 르 비트 루트, 보가트 등 클럽의 경험과 블리츠 같은 런던 뉴로맨틱 아지트의 향락주의에서 영감을 받은 곳이다. 뉴로맨티시즘과 런던 클럽계의 재탄생은 1~2년 전 빌리스 등의 술집에서 일어났다. 빌리스는 정기적으로 '보위의 밤', '르 킬트', '클럽 포 히어로즈'를 여는 곳이었다.

그 당시 디스코로 출발했던 댄스 플로어 음악은 다른 여러 하위 장르로 발전하고 있었는데, 80년대 초반에는 댄스와 펑크의 아이디어를 펑크와 뉴웨이브에서 영감을 얻은 얼터너티브 사운드로 혼합하는 각양각색의 밴드들이 탄생하고 있었다. 헤어컷 100, 스팬도 발레, 블루 론도 아 라 터크, 에이비시, 모노크롬 셋, 토킹 헤즈 등 정말 다양한 밴드가 DJ의 선곡 목록에 들어 있었다.

르 비트 루트는 요그와 셜리와 내가 가끔 찾는 장소가 되었다. 양성적 분위기가 댄스 플로어를 지배했다. 젊은 남녀는 얼굴에 파운데이션, 아이섀도, 아이라이너를 바르고 머리카락은 스타일링 무스와 헤어스프레이를 잔뜩 발라서 위로 치켜세웠다. 목에는 실크 스카프를 두르고 배기바지 밑동은 짧은 부츠에 집어넣어 입었다. 몇몇 사람들의 의상은 세인트 마틴의 패션 작업실에서 태어난 사람들처럼 보였다. 나 같은 사람들은 자선 가게에서 찾을 수 있는 옷으로 상상력을 발휘하여 입었다. 노출증 환자처럼 입기로 하고 여러가지 경향을 절충해서 입기로 했는데, 데이비드 보위부터 수지 수까지 모든 이들을 참조하며 입었다. 그러면서 우리는 스스로 정말 멋지다고 생각했다.

르 비트 루트는 믹 재거가 입장 거절당한 것으로 유명한 블리츠 클럽보다 들어가기가 쉬웠다. 그렇다 해도 여전히 노력하는 것이 중요했다. 입구 직원들이 보기에 *너무 촌스럽다* 싶으면 입장을 거부당하고 길거리에 구불구불 길게 줄 서 있는 사람들 옆을 부끄러운 걸음으로 지나가야 했다. 요그와 나는 그런 엄청난 굴욕을 감수할 일이 없었다. 나는 항상 각별한 노력을 기울였고, 요그는 당시 아주 세련된 동네였던 킹스 로드의 양복점에서 돈을 좀 내고 진홍색 수트를 맞춰 입었다.

뉴로맨틱만 눈에 띄는 건 아니었다. 찢어진 블랙진, 밝은 립스틱, 제비집 머리를 한 고스족은 종종 그림자 속에 숨어서 나타났다. 그들이 열광하는 수지 & 더밴쉬즈나 큐어를 나도 좋아했지만, 여기저기서 눈에 띄는 뱀파이어 복장에 열광하지는 않았다. 엘비스 프레슬리처럼 짧은 헤어커트의 로커빌리들과 여전히 1977년 정신에 연연하는 펑크족은 이제 그다지 아름다운 축에 못 들었다. 요그와 셜리와 나는 이 만화경 같은 사람들과 함께 춤추는 게 편안했다. '클럽 트로피카나'를 만들 때 우리는 그때 느꼈던 현실도피와 친밀함의 감정을 잘 추출해서 담기 위해 노력했다. 나는 요그와 클럽에 다닌 경험을 떠올리며 기타로 노래를 만들기 시작했다. 그러면서도 여전히 뉴로맨틱 하면 연상될 수 있는 가식이나 능글맞음은 피하고 싶었다.

우리는 런던 밤문화의 믿어지지 않던 멋진 분위기("없는 것은 바다뿐…"•)를 담아서 팝송을 만들었다. 가사도 클럽18-30••의 휴가, 풀장가의 칵테일, 선크림, 많은 섹스가 떠오르도록 썼다. 이번에는 우리도 우리의 레이더에 포착된 뉴로맨틱 밴드의 뉴웨이브, 특히 스팬도 발레의 음악에 수긍했다. 칙은 여전히 라틴 재즈 느낌을 내며 믹스곡에 포함되어 있었다. 디스코도 다시 새롭게 애정이 갔다. 디스코 음악은 한번 더 흥미로운 지점으로 이동하고 있었다. 갭 밴드의 싱글 '번 러버 온 미'를 들으면 1980년 어느 날 욕실에서 라디오로 처음 이 곡을 들었던 순간이 떠올랐다. 신디사이저가 지직대며 내는 베이스 악절과 도입부를 채우는 묵직한 드럼 소리로 시작하는 이 노래는 펑크의 역대 클래식이자 내 청춘의 손꼽히는 싱글곡이 된다. 날 것의 생생한 소리였다. 정신을 잃을 만큼 좋았다. 우리가 음악으로 사람들에게 주고 싶은 영향이 바로 이런 것이었다.

'클럽 트로피카나'의 멜로디와 드라이빙 펑크 리듬을 만든 요그와 나는 가사 작업을 반 정도 마친 상태였다. 이미 완성한

• 클럽 트로피카나 가사의 일부 - 역주

•• 1968년에 세워져 2018년까지 운영된 영국 여행사. 18~30세 젊은이들이 섬에서 파티를 열며 휴가를 보낼 수 있는 프로그램을 제공했다 - 역주

'왬랩'도 있으니, 여러 곡을 모아서 음반사 A&Rs에 선보이려는 우리의 계획은 느리지만 확실하게 진행 중이었다. 그리고 이면에서는 또 다른 노래의 구성 요소들이 형성되고 있었다. 십대의 이별과 댄스 플로어에서 느낀 죄책감에 대한 이야기로, 우리 무명 밴드의 첫 번째 발라드였다. 장차 조지 마이클이 될 게오르기우스 파나요투를 세계가 영원히 다시 보게 될 노래였다.

10. 천국의 가장자리

다행히 나는 실업수당으로 살긴 했지만 정신적으로 망가질 정도는 아니었다. 실업으로 제약을 받거나 덫에 걸렸다고 느낄 만큼 오랫동안 실업자로 지낸 것도 아니었다. 고용 센터를 방문하면 처음 가보는 곳이라 신기하기까지 했다. 물론, 처음 몇 번이 그랬다는 뜻이다. 새로 결성한 그룹이 제대로 활동할 때까지만 쉬어가는 거라고 생각했다. 다행히, 집에서 엄마와 아빠는 내게 좀 더 여지를 주셨지만, 여느 부모님들처럼 그분들도 내가 대체 뭘 하며 살지 걱정을 많이 했을 것이다.

하지만 나는 아무 걱정하지 않았다. 나는 웨스트엔드의 아웃도어 용품점에서 일하게 된 셜리와 함께 런던으로 이사할 예정이었다. 페컴에 사는 셜리의 이모가 이모네 집 지하실 방을 기꺼이 우리에게 거의 공짜로 임대해 주었다. 지금은 번창한

구역이지만 그때는 정말 아니었다. 장인 제빵사나 수제 맥주 상점들이라기보다는 당시 인기 시트콤 〈온리 풀즈 앤 호시즈〉에 나오던 후줄근한 동네였다고나 할까. 우리가 빌린 방은 초라하고 좀 침울해 보였던 터라 나는 분위기를 밝게 만들어보려고 페인트칠을 했다. 조금 도움이 되긴 했지만, 목욕탕이 없어 주방에서 씻어야 했는데 너무 추워서 한번 씻으려면 오븐을 켜고 오븐 문을 열어 열기가 나오도록 한 후에 뜨거운 물을 담은 대야 안에 서서 씻어야 하는 힘겨움이 덜어지지는 않았다.

이렇게 시작한 런던 생활은 다소 실망스러웠지만, 18번째 생일선물로 엄마 아빠로부터 검정 스크래치 플레이트와 로즈우드 프렛보드가 있는 하얀 펜더 텔레캐스터 기타를 받고 나자 나의 작곡 열망은 더욱 커져만 갔다. 너무나 멋졌던 그 기타는 모아둔 레코드와 함께 나의 애장품이 되었다. 우리 방은 정말 작았기 때문에, 밤마다 나는 기타를 애지중지하며 케이스에 넣어서 침대 밑에 보관했다. 저녁에는 내가 좋아하는 노래들의 커버곡을 만들고 요그와 내가 함께 작업할 수 있는 흥미로운 코드 시퀀스를 시도하면서 반복해서 연습했다. 페컴으로 이사하기 직전에 떠올랐던 악상 하나가 애절한 멜로디와 느린 템포의 리듬에 담으면 슬픔을 불러일으킬 듯했다. 며칠 후, 우리집에 놀러온 요그에게 연주해주었다.

"이걸로 만들어보면 어때?"

내가 코드를 훑으며 이렇게 말하자 요그는 조금 놀란 표정으로 나를 바라보았다.

"맙소사, 앤디! 내 머리에서 계속 빙빙 돌던 아이디어랑 딱 맞아떨어지잖아! 다시 연주해봐…."

내가 계속 코드를 연주하자 요그는 나중에 훗날 '케어리스 위스퍼'의 잊을 수 없는 색소폰 멜로디가 될 노래를 불렀다. 기이한 우연의 일치로 각자의 아이디어가 서로를 완벽하게 보완해주었다. 요그가 처음부터 자신의 멜로디를 내가 생각한 템포와 똑같은 속도로 상상했는지는 모르겠지만, 이 템포가 노래와 잘 어울리는 듯해서 그날 우리 둘은 새 곡의 기초를 다졌다. 그리고 이후 몇 달에 걸쳐 독주 악절, 코러스, 가사와 뉘앙스를 조금씩 만들어갔다.

이따금씩 래들릿에 있는 요그네 집에서 '케어리스 위스퍼' 작업을 했다. 아니면, 창의적인 영감을 얻기에 가장 좋은 환경이라 하기엔 어려웠지만 페컴의 우리 집에서 곡을 쓰기도 했다. 사실 음침한 지하실은 셜리와 나의 로맨스에도 별 도움이 되지 않았다. 우리 둘 다 부시에 있는 친구들이 그리웠고 셜리가 점원 일에 지치기도 했기에 얼마 안 있다가 집으로 돌아왔다.

'케어리스 위스퍼'도 함께였다. 내가 생각한 대부분의 마이너 코드 기반 진행은 감정적이고 후회가 깃든 가사가 어울려 보였던 터라, 요그는 본인의 십대 경험을 담기로 마음먹었다. 바람을 피우며 죄책감에 휩싸이는 연인을 그린 가사는 요그가 1년 전 여자 친구 헬렌 타이를 배신하면서 느꼈던 감정에서 영감을 얻은 것이다. 1978년 레슬리와의 여름 로맨스 이후 누구와도 진지하게 사귀지 않던 요그는 A레벨 미술 수업에서 만난 큰 키에 이국적 외모를 가진 헬렌과 사귀기 시작했다. 헬렌의 어머니는 스웨덴인이었고 아버지는 동남아시아인이었다. 심지어 요그는 헬렌을 엄마에게 소개하기까지 했다. 그가 레슬리를 얼마나 우상화했는지를 떠올려보면, 이는 가볍게 받아들일 일이 아니었다.

문제는 요그가 두 여동생을 데리고 간 퀸즈웨이의 아이스링크에서 마주쳤던 소녀를 공연 중 다시 만나면서 시작되었다. 멜라니와 이오다가 링크를 가로지르며 스케이트를 타는 동안 요그는 동생들을 기다리다가 제인이라는 긴 금발의 소녀를 만났다. 제인을 보자마자 반했지만 자신의 외모와 부족한 자신감 때문에 요그가 망설이는 동안 제인은 그를 거들떠보지도 않고 지나갔다. 그리고 약 1년 후, 이그제큐티브의 초창기 공연 중 제인이 나타났다. 얼마 전 부시로 이사한 게 분명했다.

요그는 도수 높은 안경을 벗고 머리카락도 상당히 잘 관리한 상태라 처음에는 제인이 그를 알아보지 못했다. 그러나 그의 노래에 감명 받았다고 제인이 말하면서 둘은 헬렌 모르게 데이트를 하기 시작했다.

페컴 지하실의 너덜너덜한 소파에 함께 앉아서 작업할 때, 후회하는 요그의 마음은 '케어리스 위스퍼'의 가사를 쓰기에 제격이었다. 우리는 둘 다 가사가 약간 진부하다는 것을 알고 있었다.

아무리 시간이 흘러도
악의없는 친구의 경솔했던 속삭임을 돌이킬 순 없어요.
차라리 모르는 게 나았을텐데.

멋진 고전시를 담았다는 착각은 처음부터 하지 않았다. 그런 건 중요하지 않았다. '케어리스 위스퍼'는 감정을 확 일으켜서 로맨틱한 댄스 플로어나 촛불을 켠 저녁 식사 자리에 딱 맞는 곡이었다.

나의 코드 진행에 조지가 벨에어 레스토랑으로 출근하는 버스에서 처음 떠올랐다는 색소폰 멜로디를 합쳐보던 첫 순간부터 우리는 뭔가 특별한 곡이라는 느낌이 왔다. 그러나 모든 사람이 이렇게 확신했던 건 아니라서, 나중에 요그가 여동생들에게 이 노래를 불러주니 '음정 잃은 속삭임(Tuneless Whisper)'이라고 놀렸다고 한다. 그래도 우리는 둘 다 이 노래가 히트작이 될 것이라 전적으로 확신했으며, 이제 조지의 목소리에는 커져가는 자신감이 묻어나기 시작했다. '케어리스 위스퍼'를 함께 쓸 때, 이후 조지의 전형적인 창법이라할 정서적 호소력이 묻어나기 시작했다. 우리의 신곡은 조지가 그런 창법을 처음으로 들려줄 수 있는 진정한 쇼케이스가 되었다.

당시 우리의 작곡은 진척되고 있었는지 모르겠지만 밴드 이름은 아직 없었다. 우리는 에너지와 우정이라는 우리만의 차별화된 본질을 포착한 이름이 필요했다. 그러다 떠올랐다.

왬!

우리가 처음으로 완성했던 곡의 가사 안에 있었다. 이제 너무나 당연하게 여겨지는 이 이름을 우리 중 누가 먼저 사용하자고 했는지는 아직도 잘 모르겠다. 왬!은 활기차고 즉각적이며 재미있고 떠들썩한 느낌이었다. 만화책 스타일의 느낌표도 눈길을 끌었다. 하지만 처음에 우리는 확신이 좀 안 섰다. 그러나 다른 이름이 안 떠오르니 더 좋은 이름이 생각날 때까지는 왬!으로 해야겠다고 생각했다. 결국 밴드 이름을 정하고 나자 다른 이름을 사용하는 건 상상이 안 되었다.

완성도가 각기 다른 노래를 겨우 세 곡 만들고서는 이제 첫 데모를 만들 때라고 생각했다. 우리의 한정된 재원으로는 녹음 스튜디오를 빌리는 것이 무리였다. 요그는 부모님께 생일선물로 포스텍스 녹음기(4트랙 포타스튜디오)를 사달라고 부탁했지만, 요그네 부모님은 대신 골동품 총 한 쌍을 선물로 주셨다. 요그네 아버지가 자식의 음악적 재능을 얼마나 못 미더워했는지를 보여준 또 하나의 사례다. 요그에게 아버지는 계속되는 좌절감의 원천이었다. 조지는 아버지와의 격화되는 갈등을 누그러뜨리기 위한 어떤 행동도 하지 않았다. 다행히 친구의 친구에게 포스텍스 녹음기가 있다는 걸 알게 된 우리는 하루에 20파운드를 주고 빌리기로 했다. 그런 다음 우리 집에서 왬!의 첫 번째 데모를 녹음했다. 재즈 펑크로 장르를 무분별하게 바꿨던 일을 용서받은 내 동생 폴이 백 보컬을 돕기 위해 불려왔다. 우리에게는 닥터 리듬 드럼 박스와 4트랙 녹음기를 빌릴 돈이 딱 하루치밖에 없었기 때문에 시간이 없었다. 요그에게는 훨씬 더 절박한 문제였다. 이번에 던지는 주사위가 마지막이라는 것을 너무나 잘 알고 있었다. 아버지가 말한 기한이 얼마 남지 않았기 때문이다. 이번 데모가 잘 안 풀리면 그는 다음 행보를 두고 몇 가지 어려운 결정을 내려야 할 참이었다.

부담감이 정말 컸다.

전체를 다 완성한 유일한 곡이었던 '왬랩'을 첫 번째 트랙으로 녹음했다. 코러스 부분은 다 같이 보컬로 참여했다. 나는 기타를 연주했고 노래는 당연히 요그가 했는데, 둘 다 녹음 장비 사용과 프로그래밍에 익숙하지 않아 혼란스러웠다. 나머지 두 곡은 아직 작곡을 완료하지 않았지만 그래도 밀고 나갔다. '클럽 트로피카나'는 절반 정도, '케어리스 위스퍼'는 반도 안 되는 분량을 넣었다. 세 곡 중에서 '케어리스 위스퍼'가 가장 좋다고 생각했는데, 나만 그랬던 게 아니었다. 나중에 요그가 차에서 셜리에게 테이프 일부를 들어주었을 때, 셜리도 그 노래를 매우 마음에 들어 했다. 다음 단계는 우리 노래를 들어줄 가능성이 있는 레코드 회사라면 어디든 데모를 들고 찾아다니며 홍보하는 것이었다.

자신감에 대해 말하자면, 우리는 데모 테이프에 담긴 우리 음악이 레코드 계약을 성사시키기에 충분하다고 진심으로 믿었다. 지금 생각해보면 참 당혹스러운데, 당시는 우리가 정말 잘했다고 생각했다. 두 곡을 새로 더 만들면서 대담해졌다고 본다. 우리가 크게 도약했으며 실제로 세 편의 히트곡을 썼다고 생각했다. 세 곡은 왬!의 주춧돌이었다. 나는 첫발을 내딛으려고 애쓰면서 가능한 연락처나 선례가가 있으면 뭐든 활용하기로 마음먹었다. 어떤 레이블이건 상관없었다. 음반 계약만

할 수 있다면 어디든 좋았다.

이전에 나는 밴드 이그제큐티브로 계약할 회사를 찾다가 마크 딘이라는 A&R 담당자를 만난 적이 있었다. 포노그램에서 일하던 마크는 늘 새로운 밴드를 찾고 있었다. 더 중요한 것은 그가 나보다 몇 년 선배로 카시오에서 공부한 동네 주민이었다는 점이다. 퀴프스에 관심이 좀 있었던 그는 나와 '쓰리 크라운즈'에서 한번씩 만나 이야기를 나누곤 했다. 그러나 이그제큐티브의 테이프를 들고 그의 집에서 만나기로 약속하니 상당히 주눅이 들었다. 내 자신감도 100% 방탄은 아니었고 이것은 엄연한 비즈니스 미팅이었다. 마크는 나의 희망을 바로 무너뜨렸다.

"아니야. 이 곡은 좀 진부해. 장래성이 아주 없는 건 아니지만 내가 찾는 음악은 아니네." 내가 '루디 보이' 연주를 마치자 그는 이렇게 말했다.

하지만 '케어리스 위스퍼', '클럽 트로피카나', '왬랩'을 만들면서 이제 요그와 나는 한층 본질적인 무언가를 나눌 수 있었다. 그동안 마크의 주가는 급등했다. 1981년 말, 마크는 1981년 히트곡 '테인티드 러브'로 유명한 신스 팝 듀오 '소프트 셀'과 계약했다. 마크는 이제 왬!이 닿을 수 없는 높은 곳에서 작업하고 있었지만, 나는 개의치 않고 그에게 우리의 새 테이프를 보냈다. 그리고 다른 가능성 있는 레이블 명단을 만들면서 마크의 응답을 기다렸다. 마크가 응답해줄지 아닐지도 모르면서 말이다. 이그제큐티브 때 레코드 회사에 들어가려고 노력해보았던 요그와 나는 곧 공격 계획을 세웠다. 우리는 둘이서 같이 접수 데스크로 다가가 매우 중요한 약속이 있어서 왔다고 주장했다. 우리가 지어낸 일정이 일정표에 없다고 하면, 호소하면서 압박하기 시작했다. 내가 접수원에게 달콤한 말을 건네면 요그는 옆에서 좌절하며 무너지는 모습을 보였다. 우리는 마음만 먹으면 상당히 잘 어울리는 콤비로 2인극을 해냈다.

"애써서 여기까지 왔는데요. 그분들을 만날 방법이 정말 어떻게 좀 없을까요?" 나는 미소 지으며 애교 있게 말하곤 했다.

"일정표에 없다니 그게 무슨 소리죠?" 요그는 매섭게 말하곤 했다.

우리의 이런 시도는 대부분 끔찍하게 실패했고 거절당했다. 이런 방식은 1960년대만 해도 많은 밴드들에게 통하던 기술이었다. 그러나 1980년대 초, 레코드 회사에 근무하는 건물 입구 직원들은 이런 수법에 점점 능통해졌다. 드물게 우리의 잔꾀가 성공할 때도 있었는데(EMI는 데모테이프를 15초 듣더니 나가라고 문을 가리켰지만, 그래도 우리에게 시간을 준 거라고 확신한다), 왬!의 데모는 일정 수준에 미치지 못하거나 불완전하거나 부적절하다며 퇴짜 맞았다. *여러분은 시간을 낭비하고 있어요.* 그러나 우리는 둘 다 전혀 낙심하지 않았고 요그는 벨에어 레스토랑에서 일부만 완성된 '케어리스 위스퍼'를 틀어보고는 점점 더 낙관적이 되었다. "내 말을 믿지 못할 거야, 앤디, 사람들이 우리 음악에 맞춰 춤추고 있었어! 내가 이 노래를 틀자마자 댄스 플로어가 사람들로 꽉 찼어…." 요그가 말했다. 우리의 노래가 매우 잠재력이 있다는 또 다른 증거였다.

그러다가 1982년 2월, 마크 딘에게 전화가 왔다. "앤드류, 너희 두 사람 오늘 밤에 나랑 '쓰리 크라운즈'에서 만나면 어떨까? 전할 소식이 있어."

올 것이 왔다. 마크는 전화로 아무것도 알려주지 않았지만 A&R 담당자가 우리 둘을 만나려는 이유가 달리 무엇이 있겠나? 나는 요그에게 가능한 빨리 우리 집에 오라고 하면서 낙관하는 티를 전혀 안 내고 상황을 설명했다. 우리 데모를 충분히 들어본 마크가 기회를 주려는 거라고 확신했지만 요그의 기대치를 필요 이상 높이고 싶진 않았다.

걱정할 필요가 없었다. 우리가 술집에 들어가 보니 먼저 와서 기다리고 있던 마크는 우리에게 5파운드를 주며 마실 걸 고르라고 했다.

"내가 '이너비전'이라는 레이블을 새로 만들었는데, 왬!이랑 계약하면 어떨까?" 몇 년 동안 내가 간절히 듣고 싶었던 말이었다.

뭐라고요?!

"대단한 건 아닐 거야. 한번 도전해보려고. 너희가 한두 곡을 시간 들여 녹음했으면 좋겠어. 그게 어떻게 되는지 두고 보자고."

요그와 나는 서로를 바라보며 감정을 억누르려 애썼다. 서로 등만 두들겨준 후 침착하게 행동했다. 환성을 지르거나 하이파이브를 하거나 그러지는 않았다. 그건 우리 스타일이 아니었으니까. 하지만 누군가 다른 사람이 우리에게서 특별한 무언가를 발견했다고 생각하니 정말 기분이 좋았다. 내가 옳았다고 인정받은 느낌도 들었다. 우리의 노력과 자기 믿음이 결실을 맺었다. 왬!은 이제 음악을 프로듀싱하는 위치가 되었고 나는 절친한 내 친구와 함께 레코드를 만들게 되었다.

반면에 아빠는 별 감명을 받지 않았다. "정말 잘됐구나, 앤드류. 그런데 언제쯤 제대로 된 직장을 구할 생각이니?" 그날 밤 내가 소식을 알리자 아빠는 석간신문에서 거의 눈을 떼지 않은 채 이렇게 말했다. 아빠 생각에 밴드 활동은 재미있는 일이지만 결국 오락일 뿐이었다. 분명 그 일이 승진 기회와 의료보험 혜택(더하기 멋진 연금제도)이 있는 진지한 직업 선택은 아니라고 보았다. 다행히 엄마는 이해해주었다. 당시 겨우 서른아홉

이던 엄마는 '쓰리 크라운즈'에서 일어난 일의 중요성을 이해하고 나를 꼭 안아주었다.

당연히 래들릿에서는 요그의 아버지 잭이 우리 아빠와 비슷한 생각을 하고 있었다. 잭은 마크가 실제로 레코드 회사 직원인지 확인하기 위해 그쪽 업계 사람들에게 수소문까지 했다. 그런 다음 변호사를 고용하여 우리 계약이 진짜인지 확인했다. 우리는 여러 주가 지나서야 마침내 서류에 서명하게 되었다.

그동안 마크는 홀로웨이의 할리건 밴드 센터에서 우리가 세션 뮤지션들과 함께 적절한 데모를 녹음할 수 있도록 스튜디오를 예약했다. ABC의 데뷔 앨범인 〈렉시콘 오브 러브〉를 연주했던 브래드 랭이 베이스를 맡았고, 이전에 달러나 벅스 피즈와 함께 작업했던 드러머가 드럼을 맡았다. 나는 리듬 기타를 연주했고 요그는 '왬랩'과 '케어리스 위스퍼'에 '소울 보이'와 '골든 소울'까지 두 곡을 더 불렀다(후자의 두 곡은 별로 좋지 않아서 한 번도 발매된 적이 없다). 4개의 트랙을 완성한 후, 요그는 '영 건즈(고 포 잇!)'까지 마무리했다. 술집에서 함께 놀던 친구들 중 몇몇은 갑자기 훌쩍 어른이 되고 있는 듯했다. 파트너와 함께 이사하고 결혼하고 가정을 꾸리고 있었다. 다시 한번, 요그는 친구들의 변화하는 상황을 농담조로 재치 있게 묘사했다. 굴하지 않겠다는 우리의 결의도 함께.

날 봐, 독신이고 자유롭지.

눈물도 없고 두려움도 없지, 내가 원하는 모습이야.

하나, 둘, 네 모습을 봐,

톡톡 튀는 새로운 디스코 느낌이 받쳐주는 이 곡은 '왬랩', '클럽 트로피카나'와 어울리는 댄스 플로어 히트곡이 될 듯했다.

녹음 작업을 통해 처음으로 우리의 노래가 제대로 만들어지고 있었다. 우리집 거실에서 만들었던 데모와는 달라도 한참 달랐다. 환상적으로 멋지게 들렸다. 나중에 스피커로 크게 들어보니, 왬!의 앞날은 우리가 상상했던 것보다 훨씬 더 선명하고 밝은 *테크니컬러*로 펼쳐질 듯했다.

1982년 3월 24일 요그와 나는 마침내 계약서에 서명했다. 우리 엄마는 신이 나서 스크랩북에 메모해두었다. 나중에 많이 쌓일 왬! 스크랩북의 제1권이 될 책이었다. "앤드류와 요그가 이너비전과 음반 계약을 했다…. 왬!"

우리의 모험이 시작되었다.

그런데 시작하자마자 나는 빛나는 출발에 작은 흠을 냈다.

11. 조지 되기

셜리와 헤어진 것은 전적으로 내 탓이었다. 함께 지낸 지 2~3년 정도 지났을 때, 나는 셜리 모르게 다른 소녀를 보가트에 데려갔다. 그런데 그날 밤 집에 있을 줄 알았던 셜리가 요그와 함께 클럽에 들어온 것이다. 바보가 아닌 이상 무슨 일이 벌어지고 있는지 알아차릴 수 있었다. 당연히 화가 난 셜리는 상처를 받았고 몇 주 동안 내게 말도 걸지 않았다.

분명 내가 훌륭하게 살던 시절은 아니었다. 그러나 우리는 너무나 어렸다. 짧게나마 동거하면서 앞날에 대해 진지한 이야기를 한두 번 나누기는 했지만 나는 결혼이나 정착할 준비가 안 되어 있었다. 여자친구가 있는 게 좋긴 했어도 내 관심은 온통 요그와 밴드를 출범시키는 일에 쏠려 있었다. 당시, 왓포드의 레스토랑에서 웨이트리스로 일하고 있던 셜리는 아직 우리 음악 프로젝트의 일원으로 들어오지 않은 상태였다. 어떤 말도 나의 불성실함을 설명해주거나 정당화해줄 수 없겠지만, 그런 상황이었다.

왬!으로 가는 길은 훨씬 덜 혼란스러웠다. 이너비전과 그렇게 서둘러 데모를 끼워 맞추면서 계약한 덕분에, 대개의 신생 밴드가 부딪치는 함정을 피할 수 있었다. 우리는 눈에 띄길 바라면서 펍과 바의 관심 없는 술꾼들에게 연주하며 발품을 팔고 다닐 필요가 없었다. 그러나 좌절없이 순조롭게 차트에 오를 거라는 환상도 품지 않았다. 요그와 나는 둘 다 기꺼이 도전할 준비가 되어 있긴 했지만, 취약한 재정상태 때문에 생각보다 훨씬 더 힘든 도전을 해야 했다. 무일푼이었던 우리는 팝스타가 되겠다고 나섰음에도 불구하고, 둘 다 여전히 부모님과 함께 살고 있었다. 우리가 이너비전에서 받는 주급 45파운드는 실업수당 받는 것보다 크게 나을 것이 없었다. 물론, 우리에게 미래의 목표가 있다는 것은 큰 차이점이었다.

일련의 TV 공연과 여러 공개 활동을 기대하면서 이를 준비하기 위해 요그네 집에서 리허설을 했다. 잭과 레슬리가 집에 있을 때는 요그의 침실에서 율동을 연습했다. 그러다 한두 시간이라도 그분들이 밖에 나갈 일이 생기면, 우리는 거실을 임시 댄스 스튜디오로 바꾸고 노래에 맞춰 동작을 안무했다.

이너비전은 기세를 일으켜보려고 일련의 클럽 공연을 주선했다. DJ가 히트곡을 틀다가 잠깐 쉬는 동안 정해진 안무로 한두 곡 가사를 립싱크하며 공연하는 소규모 공연이었다. 셜리와 화해하니 그에게 백댄서의 일원이 되어달라고 요청하는 게 당연한 수순으로 여겨졌다. 우리 셋의 유대감이 이토록 강한데, 셜리가 함께 하지 *않았다면* 그게 더 이상했을 것이다. 그리고 쓰리 크라운즈에서 여러 친구와 어울리며 알았던 아름다운 맨디 워시본을 새 멤버로 들였다. 맨디는 아직 16세였지만 춤동작이 좋았고 자신감이 넘쳤으며 유쾌했다. '왬랩'의 데모에 맞춰 우리가 짠 안무를 맨디가 배운 다음, 넷이 서로 잘 맞을 때까지 연습을 했다. 얼마나 리허설에 열중했던지, 한 번은 요그의 이웃이 아이들을 돌봐달라고 요청했는데 아이들이 위층에서 자는 동안 그 집 거실에서 다 함께 연습했을 정도였다.

우리가 준비하는 동안, 이너비전의 PR팀도 움직이고 있었고 공장에서는 데뷔 싱글 '왬랩' 음반이 만들어지고 있었다. 비닐에 붙은 라벨에는 작곡가 이름으로 'G. 파노스/A. 리즐리(G. Panos/A. Ridgeley)'라 찍혀 있었다.

음반 라벨에 인쇄된 'G. 파노스'는 '슈퍼스타'에 이어 부르기 좋은 이름이 아니라는 게 드러났으니 빨리 다른 결정을 내려야 했다. 데이비드 보위로 이름을 바꾼 데이비드 존스나 프레디 머큐리가 된 파로흐 불사라처럼, 요그도 적절한 이름의 중요성을 이해하고 있었다. 게오르기오스 파나요투는 너무 긴 이름이었다. 학교 선생님이나 친구들이 발음하기 어려웠다면 라디오 DJ와 TV 사회자는 더 그럴 것이었다. 팝가수로 활동하려면 조금은 더 발음하기 쉬운 이름이 필요했다.

조지 마이클.

처음에는 이름까지 바꾸다니 좀 과한 거 아닌가 생각했지만, 조지 마이클이라는 이름에 모종의 스타성이 있다는 건 인정해야 했다. 커크 더글러스나 제임스 스튜어트처럼 할리우드적인 느낌이 있던 새 이름에 조지는 쉽게 적응했다. 조지는 그냥 게오르기우스의 영어 버전이었지만, 그 다음을 마이클로 정한 이유는 초등학교 때 같은 이름의 그리스 친구가 있었기 때문이다. 동시에, 조지는 자신을 소개할 때면 늘 그리스 혈통이 부끄럽지 않다는 점을 강조했다. 이름을 바꾼 건 부끄러워서 그런 게 전혀 아니었다. 그저 팝계에서 활동하려면 목구멍에서 그르륵대는 발음보다는 혀를 굴리는 발음이 나았기 때문이다. 내 경우는 아빠가 먼저 알베르토 자카리아를 앨버트 리즐리로 바꾼 덕분에 그럴 필요가 없었다.

조지는 새 이름으로 활동하는 게 더 편안해 보였는데, 외모만이 아니라 훨씬 더 깊은 변화가 일어났다. *새 이름은 새로운*

정체성을 형성하는 데 도움을 주었다. 여러 해 동안 그는 '조지 마이클'이 페르소나가 된 덕분에 학창 시절 겪었던 불안을 극복하면서 각광받는 음악 인생을 헤쳐나갈 수 있었다고 설명하곤 했다. 겨우 19세였던 당시의 나는 요그가 외모에 자신감이 부족했다는 건 알고 있었지만 실제로 그 문제가 얼마나 뿌리 깊은 것인지는 알지 못했다. 왬!의 첫 번째 싱글 발매를 준비하면서 흥분과 기대에 휩싸였던 우리는 주변의 모든 것이 너무나 긍정적으로 보여서 외모는 논의할 거리도 못 되었고, 그런 문제가 우리의 발전을 막을 것 같지도 않았다. 그러나 표면 아래에서 조지는 여전히 그의 외모와 체중, 자아상으로 힘들어하고 있었다. 새로운 캐릭터는 그에게 심리적 갑옷이 되어주었다.

조지는 1990년에 쓴 자서전 『베어: Bare』에서 이런 말을 한 것으로 유명하다. "나는 내 꿈을 실현해주고 나를 스타로 만들어 줄 사람, 세상이 기꺼이 사랑해줄 사람을 만들었다. 멋진 한 친구의 이미지를 빌려 만든 사람이었다. 나는 그를 조지 마이클이라고 불렀다." 조지는 그 친구가 누구인지 내게도 다른 어떤 이에게도 결코 밝히지 않았다. 나를 언급한 게 아니냐는 추측을 받아왔다. 솔직히 잘 모르겠다. 그러나 셜리와 나 말고는 조지가 영감을 얻을 사람이 별로 없었기 때문에 그렇다 해도 놀랍지 않았을 것이다. 우리와 가까웠던 다른 사람들도 왬!

내부의 역학관계를 어렴풋이 알고 있었다. 우리의 퍼블리셔• 중 한 사람으로 GTO 레코드사를 한때 소유했던 딕 리는 항상 이렇게 말했다. 왬!은 어떤 친구와 앤드류를 위해 곡을 쓰는 조지였다고 말이다. 그 어떤 친구는 결국 조지 자신이었다.

어쩌면 조지는 내 이미지와 자신감의 또 다른 버전이 스스로 크게 성공하는 데 필요하다고 느꼈는지도 모르겠다. 만약 그래도 되냐고 그가 물어봤다면 나는 웃으며 얼마든지 하고 싶은 대로 하라고 말했을 것이다! 나는 그가 자신을 뭐라고 부르든 상관없었고, 조지는 원하는 곳 어디서든 자유롭게 영감을 얻었다. 그에게 도움이 된다면 나는 아무래도 좋았다. 나는 조지 마이클과 함께 왬!을 했지만 요그의 가장 친한 친구이기도 했다. 그러니 요그의 요구라면 무엇이든 거절하지 않았을 것이다.

'왬랩'이 발매되기 전, 조지, 셜리, 맨디와 나는 니스덴의 나이트클럽 레벨 원에서 첫 공개 출연(PA)을 했다. 이너비전의 메이저 레이블인 CBS는 우리가 클럽계에서 노래를 부르면 두터운 팬층을 만들 수 있다고 확신했다. 그들은 왬!과 댄서들이 가능한 많은 쇼에 출연하도록 결정했다. 우리 넷은 미니버스를 타고 갔는데 레벨 원에 도착해보니 행사장이 비행기 격납고만큼

• 작곡가의 창작물에 대한 홍보, 이익창출, 저작권료 징수 등의 업무를 대행하는 개인 또는 법인 - 역주

이나 켰다. 사람들로 꽉 찬 그곳에서 DJ가 웸!을 관중에게 소개하는 데 중요한 문제가 내 눈에 띄었다. 무대가 없었다. 우리는 맥주를 좋아하는 클러버들이 대부분인 많은 관중 사이에서 공연해야 했다. 백보컬이 시작되자마자 셜리와 맨디는 우리를 둘러싼 춤꾼들 속에 합류한 일부 남자들로부터 달갑지 않은 관심을 받았다. 조지와 나는 셜리와 맨디가 보호되도록 움직이려고 애썼지만 쉽지 않았다. 첫 번째 PA는 우리가 바라던 모습의 파티는 아니었다.

하지만 우리가 가기로 한 여정이었다. 이후 몇 달 동안 웸!은 고속도로를 오르내리며 아예 관심이 없거나 너무 취해서 제대로 알아보지도 못하는 사람들 앞에서 공연을 했다. 누가 지켜보든 상관없이(때로는 한두 명밖에 없을 때도 있었다) 우리는 모든 PA에 최선을 다하면서 이런 공연들이 차트에 오르는 가장 좋은 방법이라고 확신했다. 우리는 프로인 양 행동했지만 힘들었다. 때로는 하룻밤에 3~4개의 공연을 하기도 했다. 공연 장소들이 나이트클럽이었기 때문에 탈의실 시설이 기본으로 있지는 않아서 종종 화장실이나 주차장에서 옷을 갈아입었다.

조명 장치가 매우 빈약했지만, 런던의 스트링펠로우 공연 때는 조지가 유난히 격렬한 하이킥을 날리다가 신발 한 짝이 관중석으로 날아가는 걸 본 기억이 난다. 맨 앞줄 누군가의 얼굴을 아슬아슬하게 비껴갔다. 조지는 박자를 놓치지 않으면서 나머지 한 짝도 걷어차서 자신의 실수가 공연의 일부인 양했다. 그러더니 남은 쇼 내내 양말만 신고 유리처럼 매끄러운 댄스 플로어에서 미끄러지듯 다녔다. 곡이 끝났을 때 조지보다 더 안도감을 느낀 사람은 없었을 것이라고 본다.

당연히 우리에게 발생하는 비용에 몹시 인색했던 이너비전은 모든 돈 관리를 나에게 맡겼다. 그러다 보니 셜리와 맨디에게 활동비를 주어야 할 때면 마음이 유난히 불편했는데, 레이블에서는 두 사람의 활동비 지급에 기적적으로 동의했다. 급여 장부를 받아든 나는 카본지 사본에 그들의 빈약한 수입을 끼적여 두어야만 했다. 팝 밴드를 하면 으레 이러저러할 거라고 생각했던 것과는 정반대였다. 또한, 이런 일은 우리 팀에서 중요한 역할을 하는 소녀들이 공연을 본 사람들의 짐작과 달리, 왬!의 일원이 아니라는 사실을 강조하는 격이라 상당히 난처했다. 그러나 우리 넷은 포기하지 않았다. 조지와 나는 다음 PA를 위해 밤새 차를 몰고 가면서 스트링펠로우처럼 큰 공연장도 '왬!의 차트 석권'이라는 더 큰 목표를 향한 작은 발걸음으로 여겼다.

그런데 맨디의 마음은 사실 우리와 좀 달랐다. 미용업계의 경력에 집중하고 싶었던 맨디가 CBS 회의에 늦게 나타나자 조지는 맨디를 보내줘야 할 때라고 결정했다. 맨디의 빈자리는 D. C. 리라고도 알려진 다이앤 실리가 들어와 메웠는데, 이후 우리 쇼는 그 어느 때보다도 매끄러워졌다. 런던의 게이 클럽 '볼츠'에서 공연할 때는 라이브 마이크를 줘서 깜짝 놀랐다. 그러더니 DJ 노먼 스콧이 반주만 있는 B면을 '왬랩'에 맞춰 돌려서 라이브로 부를 수밖에 없었다. 다행히도 우리가 훌륭하게 해낸 덕분에 라이브 공연만큼 좋은 것도 없다는 사실을 확인하는 자리가 되었다. 우리에게 라이브 공연은 항상 큰 동기부여가 되었던 지라 나는 이그제큐티브가 해체될 때도 라이브를 못 하게 된다는 사실에 매우 낙담했었다.

이제는 라이브 공연 기회가 많아졌지만, 우선은 '왬랩' 프로모션에 착수해야만 했다. 이너비전은 우리를 무슨 영국 청춘의 구세주인 양 음악 언론에 소개했다.

> 왬! 영국의 젊은이들이 간절히 원하는 신선한 숨결! 흔치 않고 정직하고 젊은 무엇을 찾는 분들을 위해 왬!이 왔다. 런던의 모든 활력을 갖고서도 최근 유행하는 가식은 하나도 없는 조지 마이클과 앤드류 리즐리는 모든 청소년들의 관점, 야망, 즐거움을 표현하며 현재 10대들의 영국을 기록할 것이다.

이러한 시선은 '왬랩'의 사회적 인식을 담은 가사와 깊은 관련이 있지만, 우리 둘 중 누구도 정치적 논쟁에 기여할 마음이 조금도 없었다. 그런 일은 스페셜즈나 빌리 브랙 등이 잘하고 있으니까. 하지만 가능한 한 많은 음반을 팔고 싶어 몸이 달았던 우리는 이너비전 생각에 이런 과대광고가 최선의 왬! 홍보 방침이라면 당연히 찬성이었다.

과연 효과가 있었다. 곧 여러 음악 잡지와 신문에서 인터뷰 요청이 들어왔다. 그런데 우리의 이미지를 젊고 활기찬 음악적 형제애로 홍보하려니 이너비전의 빈약한 자원이 문제였다. 우리에겐 스타일리스트가 한 명도 없었다. 왬! 의상의 핵심이었던 하얀 에스파드리유는 돌시스에서 9.99파운드를 주고 산 신발이었다. 그걸 신고 사진 몇 장을 찍었는데 정말 지저분해 보였다. 게다가 조지는 스트링펠로우에서 이미 한 켤레를 잃은 후였다. 조지가 가장 좋아하는 청바지는 첼시 걸에서 10파운드밖에 안 했는데 그마저도 그의 옷이 아니었다. 셜리에게 '빌려' 입고는 안 돌려주고 버텼다. 우리는 반팔 프린트 셔츠 한 벌을 같이 입었다. 「멜로디 메이커」와 인터뷰할 때는 내가 입었고 「페이스」와 인터뷰하고 사진 촬영 때는 조지가 가져갔다. 그래서 「페이스」와 인터뷰할 때 나는 코르푸에서 레코드회사 화보 촬영할 때 조지가 입었던 망사 조끼를 입어야 했다. 그것 말고 내게 옷이라고는 셔츠 3벌과 바지 1벌이 전부였다!

부족한 의상에도 불구하고 '왬랩'에 대한 반응은 긍정적이었다. 「사운드」에서는 우리를 '사회적 의식이 있는 펑크'로 묘사했다. 「왓포드 옵저버」는 독자들에게 '왬! 주목해야 할 밴드'라고 말했다. 하지만 이어진 호평에도 불구하고 '왬랩'은 간신히 100위권에 진입한 후 91위를 넘지 못했다. 씁쓸한 실망이었다. 염려가 된 퍼블리셔들은 여러 레코드 가게를 돌아다니며 그토록 호평받은 싱글의 판매실적이 어째서 저조한지를 물었다. 그러자 '왬랩'이 널리 배포되지 않았다는 사실이 바로 드러났다. 음반을 사고 싶어도 한 장 구하려면 애써 찾아야 했던 것이다. 이를 알게 된 조지는 즉각 반응했다. 그는 예술가의 감성을 지닌 한편, 냉철한 사업 감각도 갖고 있었다. 적어도 그런 점에서는 아버지를 빼닮은 아들이었다. 첫 앨범에 실패한 이후 조지는 항상 모든 왬! 음반 발매의 배포 현황, 지역 판매, 차트 데이터에 집착했다. 그는 우리 브랜드를 구축하는 데 필사적이었다. 싱글 앨범이 사회적 의식을 담았다는 논란에 휩싸인 것도 도움이 안 됐다. 일부 비평가들은 우리가 실업수당으로 사는 삶을 미화했다고 주장했는데 실제로는 전혀 그렇지 않았지만, 우리는 그런 논란 때문에 라디오에 적게 나오는지도 모른다고 느꼈다. 그래도 라디오1의 전설적인 존 필을 듣는 우리 팬이 한 명 있긴 했지만, 거의 자정이 다 되어 방영되는 그의 쇼가 우리의 타겟 청중과 잘 맞을 것 같지는 않았다.

이너비전이 종종 엉뚱한 곳에다 돈을 쓰는 것도 짜증나는 일이었다. '왬랩'을 발매하기 전에 조지와 나는 스튜디오 프로듀서 프랑수아 케보르키안과 싱글을 리믹스하기 위해 뉴욕에 가게 되었다. 그는 1981년 히트곡 '유어 더 원 포 미'를 낸 미국 듀오 밴드 디트레인과 함께 작업한 프로듀서로 알려졌던지라 우리 둘은 매우 감격했다. 영화 <토요일 밤의 열기>를 함께 본 이후로 늘 가보고 싶었던 뉴욕이었는데, 막상 출발하고 보니 처음부터 끝까지 힘든 일투성이였다. 이너비전이 우리의 취업 비자를 제때 받지 못한 바람에 우리는 비행 당일 미국 대사관을 방문해야 했다. 비자를 받은 후, 히드로 공항까지 맹렬하게 차를 몰아 출발 시간 얼마 전에 겨우 도착했다. 보통 이 정도를 가지고 많은 문제가 있었다고 하지는 않을 텐데, 마침 내가 리젠트 공원에서 축구 경기 중 중족골 골절상을 입은 상태였다. 많이 아팠던 나는 비행기를 타러 뛰어가는 게 불가능했다. 목발을 겨드랑이에 끼고 얼굴을 찌푸린 채 껑충대며 공항을 가로지르자니 조지와 속도가 잘 안 맞았다.

"젠장, 앤드류! 좀 더 빨리 갈 순 없는 거야?"

소리치는 조지에게 나는 무언의 눈빛을 보냈다.

'내가 일부러 이러는 게 아니잖아, 너도 알다시피….'

이런 식으로 의견을 주고받는 건 조지와 나 사이에 특별한 일이 아니었다. 우리는 둘 다 순순히 양보하려 들지 않았고 논쟁이 될 만한 문제는 대체로 하나하나 짚어가며 대화했다. 누구도 상대방에게 최종 결정권을 *너무* 쉽게 넘겨주지 않았기 때문에 사소한 일로도 티격태격했다.

우리는 네 돈 내 돈 없이 같이 쓰며 살았고 서로를 너무 잘 알았기 때문에 대부분의 시간을 형제처럼 지냈다. 그러다 보니 다툴 때도 형제처럼 다투었다. 그러나 음악이든 다른 일이든 화해할 수 없는 싸움은 아무것도 없었다. 우리는 싸움이 커지도록 그냥 두지 않았다. 이번에는 출발 게이트에 도착해보니 이미 제트웨이를 당기고 있어서 길게 다툴 수도 없었다. 항공사 직원에게 태워달라고 간청했지만 아무 소용이 없었다.

마침내 24시간 늦게 빅 애플에 도착한 우리는 곧장 센트럴 파크 웨스트에 있는 메이플라워 호텔로 갔다. 장식은 간소했지만 지내기에 충분히 편안한 1920년대 건물이었다. 아니, 이너비전이 만약 우리 방을 트윈룸이 아닌 더블룸으로 예약하지 않았더라면 충분히 편안했을 것이다. 더블룸이라니, 제대로 잘 준비를 하려면 침대 가운데를 베개로 막아야 한다는 뜻이었다. 어째서인지 조지와 내가 침대를 공유한다는 사실에 호텔 직원들이 불편해 했다. 직원들을 잘 설득해서 방을 받았지만 문제는 거기서 끝나지 않았다. 일정이 반쯤 지났을 때 두 명의 건장한 경비원이 한밤중 우리 방문을 두드렸다.

"두 분은 기록을 확인해보니 비용 결제가 아직 안 되었네요."

나는 혼란스러웠다. "결제가 안 됐다니 무슨 말씀이죠? 우리 음반사에서 비용을 다 냈는데요."

경비원들은 고개를 저었다. 우리는 호텔을 떠나야 했다. 마크 딘은 모든 비용이 '결제되었다'고 단언했지만, 아닌 게 분명했다. 아침이 오길 기다렸다가 뉴욕의 CBS에 미친 듯이 전화를 걸어서 퇴거당하는 불명예는 겨우 면했다. 게다가 고맙게도 더는 신경 쓰면서 그 호텔에 머물지 않아도 되었다.

영화 <토요일 밤의 열기>를 본 우리는 뉴욕 최고의 클럽에 가보는 것이 1순위였으며 맨해튼 댄스계의 심장부가 어떤 곳인지 궁금했다. 그런데 막상 가보니 놀랍게도 유행의 첨단을 걷는 장소는 그저 넓은 공간이거나 오래된 창고, 상업용 건물 등에 불과했다. 대부분 삭막하고 불편한 장소였는데, 목발을 짚고 다녔으니 내게는 모든 곳이 불편하긴 했다. 설상가상, 시차로 기진맥진한 나는 그날 밤 조지가 뉴요커 젊은이들과 사귀는 동안 거대한 스피커 옆에서 내내 잠이 들었다. 눈을 떠보니 뉴요커 친구들은 다른 곳으로 갈까 생각하는 중이었고 조지는 그들과 함께 가고 싶어 했다. 처음에는 조금 걱정이 되었다. 우리는 뉴욕 끄트머리에 있었는데, 당시 뉴욕은 상당히 불확실한 도시로 알려져 있었다. 그러나 즐거운 시간이 될 거라 기대한 조지에게 내 염려는 두 번 생각할 거리가 못 되었다.

다행히 그날 밤은 결국 아무 사고 없이 지나갔다. 프랑수아 케보르키안의 리믹스는 그렇지 않았지만 말이다. 런던으로 돌아와서 받아본 리믹스는 우리가 기대했던 것과 전혀 달랐다.

리믹스는 우리 중 누구의 마음에도 들지 않았다.

처음 가본 미국 여행에서 왬!이 얻은 교훈이 있다면 바로 팝스타의 삶은 참으로 알다가도 모르겠다는 것이었다.

12. 심야 파티와 네온 불빛

그러다가 〈탑 오브 더 팝스〉 사건이 일어났다.

여러 가지 우여곡절 끝에, 비브의 주력 음악쇼에 출연하게 되었다. 어떻게 출연할 수 있었는지는 아무래도 상관 없었는데, 당시 우리는 그 정도로 열심이었다. 1982년 9월에 발매한 '영 건즈'가 차트 73위에 오르는 것으로 그치면서 왬!이 세계적으로 유명해질 가능성은 날이 갈수록 멀어지고 있었다. 둘 다 차트 상위 20위 진입까지는 기대하지 않았지만 73위에 그친 결과에 크게 실망했고, 왬!의 라디오 홍보맨부터 마크 딘에 이르기까지 모두가 초조해하고 있었다. 그런데 다음 주 차트에서 '영 건즈'가 48위로 껑충 뛰어오르면서 40위 안에 들어가고 가장 중요한 라디오 선곡 목록에 포함될 전망이 밝아졌다. 이제 바닥 순위로 떨어질 일은 없을 듯했다. 그러다 발매 3주차가 되자 싱글 곡은 다시 52위로 떨어졌다.

그 많은 공개 공연에 출연하고 무수한 인쇄매체에 주목할 만한 밴드로 보도되었음에도 불구하고, 실패가 눈앞에 닥친듯 했다. 조지는 이 재앙을 끔찍하게 받아들였다. 나 또한 심각하게 걱정되었지만, 이렇게 끝날 리는 없다고 생각했다.

"에이, 그렇게 나쁘진 않아. 여기까지 왔잖아. 사소한 난관일 뿐이야." 우리의 두 번째 발매곡이 차트에서 곤두박질칠 때, 나는 이렇게 말했다. 하지만 조지의 기분은 암울했다. 그럴 만도 했다. 운명을 바꾸기 위해 우리가 할 수 있는 일이 더는 아무것도 없었기 때문이다. 나도 알고 조지도 아는 바였다. 여러 해가 지난 후, 조지는 당시 싱글의 정체 소식을 듣고 거의 자살할 뻔했다고 말했다. 시작도 해보기 전에 다 끝나버릴지도 모른다는 느낌은 고약했다.

그러다 한순간에 운이 바뀌었다. 어린이 TV쇼인 <토요일의 슈퍼스토어>에서 왬!을 발견한 것이다. 런던에서 우리는 공연에 별 관심 없어보이는 취객들로 가득 찬 클럽 홀에서 노래하고 있었는데, 그중 한 명이 '영 건즈'의 참신하고 에너지 넘치는 공연에 감명 받았다. 게다가 우연히도 그 여성은 <토요일의 슈퍼스토어> 쇼의 연구원 중 한 명이었다. 우리는 다음 주말 쇼에 출연 요청을 받았다. 놀라운 행운이었다! 당시 <슈퍼

스토어> 쇼는 대단한 인기 프로그램이었는데, 항상 젊은 시청자들에게 인기 있을 만한 밴드를 선보였다. 이 스튜디오에서 신나게 공연하면 새로운 장이 펼쳐지는 성공을 거두게 된다는 것은 모두가 아는 일이었다. 아침에 <슈퍼스토어>를 본 시청자들이 오후가 되면 용돈으로 음반을 사는 식이었다. 우리는 하늘이 내려주신 동아줄을 붙잡고 제때 뛰어들었다.

이 프로그램은 우리에게 절실히 필요한 계기를 만들어줄 잠재력이 있다고 보았다. 여기서 우리는 제대로 된 진짜 공연을 했다. 미국 머슬카 두 대를 측면이 보이도록 세워두고 밴드 반주에 맞춰 '왬랩'과 '영 건즈'를 불렀다. 공연이 끝나자 곧바로 상승세를 탄 '영 건즈'가 차트에 올랐다. 그러나 42위에 그쳤다. 가장 중요한 상위 40위 안에는 들어가지 못하고 말았다. 우리는 옳은 방향으로 큰 걸음을 한 발짝 내디뎠지만 여전히 불확실한 상태였다. "어떻게든 상위 40위 안에 비집고 들어가야 라디오 차트 쇼에 진출할 수 있을 텐데 말이야. 42위로는 <탑 오브 더 팝스>에서 절대 불러주지 않을 거야." 조지는 좌절하며 말했다.

어찌할 도리가 없었다.

40위 바깥의 곡을 살펴보는 프로그램인 <디 올드 그레이 휘슬 테스트> 등 다른 TV 쇼들은 록 밴드, 포크나 컨트리 아티스트에만 집중했다. 한동안 〈토요일의 슈퍼스토어〉 출연이 우리 성공의 최고치인 듯했다. 여기서 웸!의 싱글 두 곡이 흔적도 없이 모두 침몰하면 마크 딘이 우리를 버릴 일만 남아있었다. 여기까지 왔는데 이렇게 끝난다는 건 있을 수 없는 일이었다.

그러다가 웸!의 성공가도에서 가장 중요한 사건이 일어났다. 뜻밖에도 〈탑 오브 더 팝스〉에서 기적처럼 우리를 쇼에 출연시키기로 결정한 것이다. 우리의 출연 경위는 아직도 수수께끼지만, 마지막 순간에 다른 밴드가 중도 하차한 게 분명했다. 그들이 누구였는지 듣지 못했고 지금도 모르지만, 운명이 개입하여 우리에게 절호의 기회를 선물해주었다. 갑작스럽게 생겼을 대체 공연이 불안했던 프로듀서들은 주간 차트를 면밀히 조사했다. 웸!은 두 가지 이유에서 그들의 주목을 받았다. 첫 번째는 우리가 차트에서 상승세를 타면서 40위권 바로 턱밑까지 껑충 뛰어올랐다는 점이었다. 두 번째는 우리가 영국 밴드여서 곧바로 열 일 제치고 출연할 수 있다는 점이었다. 그들은 이너비전에 전화해서 우리가 출연할 수 있는지 물었다. *그 질문에 대한 답변은 딱 하나였다.* 우리는 두 손으로 기회를 꼭 붙잡았다.

내가 열두 살일 때 누군가 내게 '언젠가 너는 〈탑 오브 더 팝스〉에 출연할 것'이라고 말했다면 나는 그들이 완전히 정신나간 사람들이라고 생각했을 것이다. 오랫동안 〈탑 오브 더 팝스>의 열렬한 팬이었던 요그와 나는 우리가 좋아했던 밴드들의 발자취를 따라가고 있다는 사실에 몹시 흥분했다. 둘 다 녹음 전날 제대로 잠을 못 잤다. 물론 예민해진 탓이 컸겠지만, 세세한 부분까지 신경을 안 써주는 이너비전 특유의 일처리 탓도 컸다. 왬!의 중요한 방송이 있기 전날 밤, 우리는 킹스크로스 호텔에 예약이 되었는데 시간 단위로 대실도 하는 분위기의 호텔이었다. 조지는 그 초라한 호텔에서도 최악의 방을 받은 듯했다.

"이게 대체 뭐야? 이게 진짜 내가 잘 방이야?" 조지는 도착해서 받은 자기 방의 어린이 침대를 가리키며 이렇게 말했다.

침대 시트와 베갯잇은 나일론 종류의 천이었고 그 아래에 깔린 플라스틱 시트는 얼룩진 매트리스가 더 이상 오염되지 않도록 막아주고 있었다. 내 침구도 비슷한 상황이었지만 그래도 내 침대는 크기라도 맞았다. 조지는 두 발이 매트리스 밖으로 삐져나와 대롱대롱 매달린 채 잠을 청하며 끔찍한 밤을 보내야 했다. 하룻밤에 10파운드인 방값조차 바가지였다. 시작 시간인 오전 7시 30분까지 BBC 스튜디오에 도착했을 때는 둘 다 피곤하고 짜증이 났다. 게다가 쇼가 시작되려면 아직 12시간이나 남았는데 왜 이렇게 일찍 나오라고 하는지 의아했다.

껄끄러운 일은 그것만이 아니었다. 다가올 일을 예견하듯,

머리카락에 신경이 쏠린 조지는 BBC의 메이크업 부서에서 몇 시간을 보냈다. 미용사는 조지가 자신의 외모에 만족할 때까지 그의 곱슬머리를 드라이하고 곧게 펴고 헤어스프레이를 뿌려서 세웠다. 조지만 빼고 모든 사람 눈에는 그 모든 복잡한 과정을 진행하기 전이나 후나 똑같아 보였다. 머리카락과 관련된 그 어떤 농담도 안 통한다는 걸 알고 있는 나는 놀리고 싶은 마음을 억누르면서 조지가 원하는 대로 하게 내버려두었다.

얼른 보기에도 TV 스튜디오는 기대와 딴판이었다. <탑 오브 더 팝스>에 출연해보니 고도의 스트레스와 믿을 수 없는 따분함이 반반이었다. 안그래도 약간 긴장 상태였던 우리 둘은 TV 쇼가 진행되는 고압적인 방식에 더욱 긴장하고 말았다. <탑 오브 더 팝스>와 우리 같은 신인 밴드의 관계에서 어느 쪽에 권력이 있는지는 볼 것도 없었다. 우리는 하루 종일 후원을 받으면서 동시에 주문을 받았다. 왬!을 일시적인 반짝 밴드로 간주하고 존중하며 대하지 않는 기색이 역력했다. 우리는 안무 순서대로 연습을 하고 또 하고 또 해야 했다. 몇 주 동안 여러 곳에 공연을 다니면서 왬!의 안무는 이미 너무나 탄탄하게 다져졌기에 이런 야단법석이 우스꽝스럽게 느껴졌다. '토요일의 슈퍼스토어'에서 우리가 받았던 환대와는 완전히 딴판이었다.

그렇지만 그럴만한 가치가 있었다.

그날 저녁 느지막이 공연을 녹화하러 가보니 긴장된 에너지가 장소를 가득 메우고 있었다. 그동안 클럽 공연을 거듭하면서 무대가 많이 편안해진 나였지만 이번만큼은 달랐다. 최고 수준의 무대 아닌가. 무대 뒤에서 기다리는 동안 나는 조지를 바라보았다. 이 무대는 우리의 기회였다. 이그제큐티브 시절부터 그토록 꿈꿔왔던 기회였다. 라디오 1의 DJ 마이크 스미스가 왬!을 소개하기 시작하자 우리의 반주 밴드가 작은 무대에 올라가 모였다. 조지와 나는 셜리, 디와 함께 무대 가운데에 자리 잡았다. 스튜디오 청중이 우리를 둘러싼 채 기다리고 있었다. 전방에는 카메라, 조명, 클립보드를 움켜쥔 스튜디오 직원들이 즐비했다. 나는 조지에게 고개를 끄덕였다. *해보자.* 그러자 펑크 그루브와 날카로운 트럼펫 소리가 일렁이며 음악이 시작되었다.

이봐, 멍청이!

(도대체 무슨 일이야?)

조지가 랩을 시작했다. 셜리가 몸에 꼭 붙는 하얀 드레스를 입고 빙빙 돌면서 뽐내듯 걷는 동안 나는 셜리의 뒤에서 춤을 추었다.

이봐, 멍청이!

(이제 네가 할 수 있는 일은 아무것도 없어.)

반대편에서 디는 우리가 잘 연습한 안무 그대로 셜리에게 대고 손가락을 까딱까딱 흔들며 비난했다. 하지만 카메라의 시선을 훔친 것은 조지였다.

글쎄, 시내에서 한동안 네 얼굴을 못 봤으니, 알고 있다는

미소로 너에게 인사했지.

네 팔에 안긴 저 여자를 보니

치명적인 매력으로 네 마음을 사로잡은 게 분명하군.

갈색 가죽 양복 조끼 아래 맨가슴을 드러낸 조지는 탄탄하고 날씬한 외모에 몇 달 동안 클럽 공개 공연으로 다듬어진 분위기였다. 하나하나가 모두 딱 팝스타의 모습이었다. 조지의 짜릿한 퍼포먼스만큼 이미지도 눈길을 끌었다.

날 봐, 독신이고 자유롭지.

눈물도 없고 두려움도 없지, 내가 원하는 모습이야.

마침내 왬!이 성공했다.

음악이 잦아들고 박수와 비명 소리가 울려 퍼지자 조지는 나를 바라보며 환하게 웃었다.

"앤드류, 바로 이거야. 앞으로 평생 동안 내가 하고 싶은 일이 이거야." 조지는 함께 무대 뒤로 걸어가면서 이렇게 말했다.

고개를 끄덕이던 내게 이런 생각이 떠올랐다. '이제 우리를 막을 수 있는 건 아무것도 없어….'

내가 옳았다. 왬!에 대한 나의 믿음은 정당했다. 얼마 지나지 않아 '영 건즈'가 영국 차트 3위에 오르면서 우리는 모든 사람의 입에 오르내리는 최신 팝 명사가 되었다. 우리 밴드가 공중파를 장악할 분위기가 되자 이너비전은 후속 싱글과 정규 앨범 계획에 들어갔다. 우리가 알던 세상이 거꾸로 뒤집히려 하고 있었다. 그날 저녁 집에 돌아와 현관문을 열고 들어서는데 엄마가 축하의 뜻으로 샴페인을 들고 서 계셨다. 코르크 마개가 굉음을 울리며 천장에 부딪히는 바람에 천장의 폴리스티렌 타일이 움푹하게 패여 버렸다.

그 자국을 보면 언제나 영국 전체가 처음으로 왬!을 마음에 새겼던 그날 밤이 떠오른다.

제2부

세계 최고의 밴드가 되다!

13. 자유

'영 건즈(고 포 잇!)'을 시작으로 우리는 연달아 곡들을 성공시켰다. 1983년 1월에 발매된 '왬랩'은 <탑 오브 더 팝스> 첫 출연의 여파로 (그리고 물론 기막히게 좋은 곡이라서!) 영국 차트 8위까지 급상승했다. '왬랩'의 성공에는 가사 그대로의 삶을 보여주는 조지와 나의 뮤직비디오도 힘을 보탰다. 영상에서 조지는 흰색 티셔츠 위에 가죽 재킷을 걸치고 시큰둥한 표정으로 거리를 활보하고, 나는 가상의 부모님 집 소파에 늘어져 있다. 내 부모님 역할을 맡은 두 배우가 나에게 외치는 "취직이나 해!"라는 말은 조지가 아버지에게 들은 말에서 착안한 것인데, 그걸 본 조지의 아버지가 무슨 생각을 했는지는 당신 본인만 알 것이다. 후속곡인 '배드 보이즈'가 차트 2위까지 오르면서 우리는 또 한 번 <탑 오브 더 팝스>에 출연하게 되었고, 왬!

은 이제 모르는 사람이 없을 정도로 유명해졌다.

하지만 조지는 마음이 편치 않았다. 히트곡을 계속 만들어 내야 한다는 부담을 느낀 조지는 '왬랩'이나 '영 건즈' 때의 방식 그대로 '배드 보이즈'를 썼고 십대들이 처한 답답한 현실과 부모들의 무너지는 기대라는 주제를 다시 반복했다.

사랑하는 엄마, 사랑하는 아빠
난 열아홉, 보다시피
잘생기고, 키도 크고, 힘도 세죠.
그런데 무슨 권리로 날 그렇게 보는 거죠?
마치 "대체 뭐가 잘못된 거야?"라고 말하는 것처럼.

'배드 보이즈'는 확실히 '왬랩'보다 더 세련되고 잘 만들어진 곡이었고, 나는 이 곡이 싱글 앨범으로서도 훌륭하다고 생각했다. 하지만 조지는 가사에 담긴 아이디어가 너무 과장됐다고 생각했다. 뮤직비디오에서 데님과 가죽으로 연출한 거친 느낌도 그의 눈에 거슬렸다. 스타일에 대해서만큼은 나도 진심으로 동감이었다. 우리가 의도했던 생기발랄한 이미지와는 어울리지 않았고, 오히려 일부 언론이 우리에게 붙인 "사회 정의를 위해 싸우는 전사"라는 꼬리표만 더 굳어졌다. 그때까지 우리는 이너비전 홍보팀이 오랜 기간 고수해 온 전략에 그냥 따랐었지만 더 이상 그러면 안 된다는 것을 단번에 깨달았다. 왬!의 이미지와 음악의 방향을 우리가 주도해야 했다. 조지는 '배드 보이즈'가 주변의 요구대로 쓴 곡이라고 선을 긋고 자신은 곡의 성공 여부에 관여하지 않기로 했다. 대중적인 사랑은 받았지만 '배드 보이즈'가 왬!의 최고 히트곡들만을 모은 컴필레이션 앨범인 〈더 파이널〉(1986)에 수록된 것은 마지못해서 내린 결정이었을 뿐이고, 1997년에 발매한 〈더 베스트 오브 왬!〉 앨범에는 수록되지도 않았다. 하지만, '배드 보이즈'가 인기를 얻음으로써 데뷔 앨범인 〈판타스틱〉의 수록곡 거의 절반이 성공했다는 점도 당시로서는 엄연한 사실이었다.

네 번째 곡 '클럽 트로피카나'는 데모 버전을 보완해 같은 앨범의 다른 곡들처럼 런던 메이즌루즈 스튜디오에서 스티브 브라운 프로듀서와 녹음했다. 초기 작품 대부분이 그랬지만 '클럽 트로피카나'는 우리가 힘을 모아 완성한 작품이다. 디온 에스터스가 연주하는 흥겨운 베이스 라인이 주는 라틴 분위기에 나와 그의 연주가 합을 이루면서 신나는 그루브로 곡을 시작한다. '클럽 트로피카나'가 한 겹 한 겹 완성되어 가면서, 나는 곡에서 풍겨 나오는 태양과 섹스, 칵테일의 맛을 최대한 살리고 싶어졌다. "도입부에 사운드 효과를 추가하면 어떨까?" 녹음을 하면서 나는 이런 제안을 했고, 머릿속으로는 고급 호텔로 진입하는 자동차의 소음, 파티 장소로 향하는 하이힐의 또각또각 발소리와 그 소리에 맞춰 리듬을 타며 점점 커지는 베이스와 기타 연주 등을 상상했다. 음향 자료실에 다녀온 후 나는 시끌벅적한 파티의 소음, 뾰족한 구두 굽이 보도 위에 부딪치는 소리, 스포츠카가 정차하며 내는 소리 등의 샘플을 수집했다. 그렇게 곧이어 나올 음악을 들으며 신나게 즐길 준비를 하라고 예고하는 이 곡만의 독특한 도입부가 만들어졌다.

앨범을 녹음하는 동안 조지는 스튜디오 작업에 점점 자신감이 붙었다. 이전에 엘튼 존과도 작업했던 스티브 브라운이 프로듀싱 책임자였지만 조지도 많은 부분에 참여했다. 조지는 앨범 제작의 전반적인 과정을 지휘했는데 어떻게 하면 히트 앨범을 만들 수 있는지 당시에 이미 확실히 알고 있는 듯했다. 우리 둘 다 그랬다. 우리는 중요한 성장기를 함께 보냈고, 함께 음악적 감수성을 키웠고 그래서 원하는 것을 알아보는 본능적인 감각도 같았다. 데뷔 앨범에 대해 원하는 바도 분명했다. 물론 편곡되어 나온 최종 결과물은 세세한 부분에서 우리 머릿속의 아이디어와는 달랐지만, 그것은 우리가 예전과 달리 금관악기 라이브나 다양한 음향을 사용할 수 있는 여유가 생겼기 때문이다. 〈판타스틱〉 앨범은 처음부터 끝까지 조지가 주도해서 만들었다. 그는 진두지휘하는 역할을 진심으로 즐겼던 만큼 이후에 자신의 곡에서 프로듀서로서 능력을 발휘하게 된 것은 당연한 결과였다. 그는 스튜디오 녹음 과정 전체를 지휘할 능력이 있었고 나는 그 과정의 일부로 참여하는 것만으로도 행복했다.

데뷔 앨범 완성이 임박해지면서 이너비전은 왬!의 잠재력에 대한 기대를 키워갔지만, 조지와 나는 그때까지 우리가 당한 푸대접에 부아가 나기 시작했다. 이미 싱글 앨범을 세 곡이나 성공시켰는데도 우리는 여전히 푼돈밖에 받지 못했다. 빠르게 성장하고 있으니 금전적 보상도 그만큼 커져야 할 것 같았지만 이너비전은 그런 점을 고려해 주지 않았다. 우리에 대한 처우는 처음 계약 조건 그대로였다. 게다가 알고 보니 그 처음 계약 조건이라는 것도 사실 매우 형편없었다. 이런 점이 우리와 마크 딘 사이의 심각한 갈등 요인이 되었다. 앨범이 거의 완성된 마당에 계약 조건을 조정하지 않겠다는 이너비전의 입장에 대한 불만이 극에 달한 조지는 새 곡들이 녹음된 원본 테이프를 내주지 않기로 했다. 그는 테이프들을 스튜디오에서 가지고 나가 뒷마당에 묻어버리기로 마음먹었다. 결국 퍼블리셔인 딕 레이히의 설득으로 극단적인 상황은 막을 수 있었다.

딕은 "앨범부터 성공시켜, 조지. 그러면 더 좋은 조건으로 협상할 수 있어"라고 말했다.

사이먼 네이피어-벨과 함께

이제 우리에게는 복잡한 상황을 정리해 주고 사업적으로 불리한 입장에 놓일 위험을 피하게 해줄 매니지먼트 회사가 필요했다. 그렇게 만난 것이 전직 군인이자 연주자였던 매니저 재즈 서머스와 음반 제작과 매니지먼트 등으로 이름이 알려진 사이먼 네이피어 벨이었다. 네이피어 벨은 야드버즈, 마크 볼란, 울트라복스 등의 매니저이면서, 더스티 스프링필드의 첫 번째 1위 곡(You Don't Have To Say You Love Me)의 공동 작사가로 유명해졌다. 두 사람을 한꺼번에 칭할 때는 사이먼(Simon)을 거꾸로 읽은 노미스라고 불렀다. 조지와 나는 *판타스틱* 앨범이 완성될 무렵 두 사람을 런던 브라이언스톤 스퀘어에 있는 사이먼의 우아한 자택에서 만났다. 사이먼이 두 명의 남자 친구들과 함께 사는 집이었다. 나는 사이먼을 좋아했다. 그는 카리스마가 있었고 무엇 하나 어정쩡한 구석이라고는 없이 늘 인생을 *과하다 싶을 정도로 충실하게* 사는 사람이었다. 그는 매사에 적극적이고 열정이 넘쳤고 예리했다. 좋은 매니저라면 응당 갖추어야 할 자질이겠지만, 그와 함께 있으면 즐거웠다. 특히 사이먼은 적당히 짓궂은데다 반골 기질이 있었다. 왬!의 독특한 이미지와 잘 어울렸다.

재즈는 그와는 정반대였다. 사이먼이 원대한 아이디어와 계획이 넘치는 사람이었다면, 재즈는 계획을 실현하는 데 필요한 꼼꼼함과 세심함을 갖춘 사람이었다. 그는 머릿속 생각과 현실을 잇는 다리 같았다. 나는 재즈도 정말 좋아했지만 사이먼에게 더 강한 유대를 느꼈다. 내 부모님은 나나 내 동생에게 한계나 제한을 두지 않으셨고 그래서 사이먼처럼 나도 늘 꿈을 좇고 도전을 두려워하지 않았다.

엄격한 환경에서 학창 시절 부모님의 기대를 한 몸에 받으며 자란 탓이겠지만 조지는 나보다 신중했다. 그래서인지 그는 처음 한두 번 재즈와 사이먼을 만났을 때 그들의 매니지먼트 스타일에 확신을 갖지 못했다. 하지만 그는 이후에도 경영이나 금융 관련 일을 맡길 때면 늘 그랬다. 매니저, 에이전트, 변호사, 회계사 같은 사람들이 스스로 능력과 성실성을 증명할 때까지는 완전히 신뢰하지 않았고, 경우에 따라서는 여러 번 일을 시켜 본 후에야 의심을 거두었다. 일을 제대로 못 해내거나, 작은 부분에 오해가 발생해도 가차없이 질책하는 경우가 종종 있었다. 게다가 사이먼과 재즈는 처음부터 매우 큰 책임을 떠안았다.

조지와 내 입장에서 이제 이너비전으로부터 자유로워질지 말지는 전적으로 두 사람에게 달려 있었다. 더구나 빨리 관계를 정리해야 했다.

판타스틱 앨범이 1982년부터 1983년에 걸쳐 서서히 완성되어 가는 동안, 우리에게는 결정해야 할 것들이 또 있었다. 왬!은 큰 야망을 가지고 시작한 밴드였고 조지도 나도 목표가 뚜렷했다. 최우선 목표는 영국과 미국의 앨범 차트에서 1위에 오르는 것이었는데 특히 (또 하나의 목표인) 세계 최고의 팝 밴드가

되기 위해서는 미국에서의 성공이 필수였다. 우리는 월드 투어를 하고 멀리 호주와 동아시아 무대에도 서고 싶었다. 또 대규모 실내 공연장, 어쩌면 거대 스타디움 무대의 주인공이 되어 보는 것도 우리에게는 중요한 목표였다. 우리 스스로 목표 달성 기한을 정해 놓았기 때문에 부담은 더 컸다. 조지도 나도 우리가 만드는 음악의 가장 큰 힘은 10대들만의 혈기라는 점을 알고 있었다. 우리 음악의 진수는 한마디로 젊음의 에너지와 낙천주의였다. 우리는 왬!을 차근차근 성장 발전시킬 생각 같은 건 없었다. 짧은 시간 돌풍을 일으키기를, 잠깐 동안, 어쩌면 단 몇 년 아주 밝게 타올랐다가 큰 울림과 함께 사라지기를 원했다. 우리 둘 중 누구도 퇴물이 될 때까지 활동하고 싶은 마음은 없었고 그래서 목표만 달성하면 그걸로 끝이라고 정해 두었다. 앙코르도 컴백도 없는 진짜 끝이라고.

하지만 그 이면에는 또 다른 합의가 있었다. 나한테는 훨씬 더 중요하고 직접 연관된 결정이었다. 목표를 향한 노력에 박차를 가하기 위해 곡을 쓰는 일은 조지가 도맡기로 한 것이다. 나는 그때까지 절친한 친구와 함께 곡을 만들고 구상하는 걸 즐겼지만 우리 둘 사이에는 확연한 차이가 있었다. 나도 코드 진행을 짜고 멜로디를 만들고 주어진 아이디어로 가사를 쓸 수 있다는 것을 '왬랩', '케어리스 위스퍼', '클럽 트로피카나' 등의 곡으로 증명했지만, 조지는 빛의 속도로 일을 했다. 위대한 스티브 마틴•이 말한 것처럼, "어떤 사람들은 말을 다루는 아주 특별한 재능이 있지만, 어떤 사람들은…. 아이구, 이런. 가망이 없다". 조지는 분명 특별한 재능이 있는 사람들에 속했다. '배드 보이즈'는 그가 싫어하는 곡이었지만 가사와 훅••에서 드러난 솜씨는 훌륭했다. 나는 어떻게 보나 그에게 상대가 되지 않았다. 웸!이 목표 달성의 기회라도 잡으려면 나는 물러나 있어야 한다는 것을 우리 둘 다 느끼고 있었다. 처음에는 둘 중 누구도 이야기를 꺼내지 않았고 조지는 나중에 창작 과정에서 나를 완전히 배제하고 싶지 않았었다고 털어놓았다. 하지만 스튜디오 안팎에서 고민은 점점 커져갔고 결국 우리는 이 문제를 의논할 수밖에 없는 상황이 되었다. 어느 하루 내 부모님 집에서 만나 의견을 나눈 후 우리는 조지가 모든 곡을 쓰는 것으로 결론을 내렸다. 우리가 원하는 대로 웸!이 앨범 차트 1위를 달성하려면 그것이 최선이라는 데 동의할 수밖에 없었고, 터놓고 이야기하고 결론까지 내리고 나니 마음이 가벼워졌다. 이제 그의 어깨가 더 무거워졌음은 말할 필요도 없었지만 두 사람 모두 그 길이 최선임을 알고 있었다.

• 미국의 희극배우 겸 작가 - 역주

•• 대중음악에서 기억하기 쉬운 후렴이나 반복해서 연주되는 부분 - 역주

그다음 싱글 앨범은 '클럽 트로피카나'로 정했다. 스타일도 내용도 이전에 발표한 곡들과는 확연히 달랐지만 '배드 보이즈'에 대한 조지의 불만이 뚜렷한 상황에서 '왬랩', '영 건즈'와 같은 종류의 곡들로 밀고 나가기엔 한계가 느껴졌다. 하지만 '클럽 트로피카나'의 후속으로 어떤 곡을 녹음할지에 대해서는 확신이 없었다. 우리는 '골든 소울'과 '소울 보이'라는 두 곡을 만들었지만 둘 다 별로 좋지 않았다. 조지 혼자 작업하게 되면서 이런 선택도 더 자유롭게 할 수 있었다. 슬프게도 내가 곡을 쓰던 시대는 끝이 났다.

밴드를 위해서는 올바른 결정이었지만 시간이 지난 후 돌이켜 보지 않을 수 없었다. 스무 살에 음악을 만드는 일에서 은퇴하기로 한 결정은 너무 성급하지 않았는지. 적어도 음악을 만드는 데 내가 완전히 젬병이었던 것 같지는 않았다. '클럽 트로피카나', '왬랩', '케어리스 위스퍼'를 함께 썼고 세 곡 모두 크게 성공했기 때문이다. 게다가 나는 창작 과정을 즐기기도 했다. 대중음악에 생명을 불어넣는 일은 정말 즐겁고 보람도 있었다. 돌이켜보면 나는 그때 히트곡 제조의 압박이 가해지고 있던 스튜디오에서 한발짝 물러나 뒤에서라도 나만의 곡을 만들었어야 했는지 모른다. 초기에는 곡에 대한 나의 참여가 중요한 부분을 차지했다. 내가 다시 기여하지 못한다는 법이 없었다. 그럼에도 나는 왬! 앨범에 수록될 만한 곡을 쓸 가능성이 아주 희박하다고 생각했고, 결국 곡을 쓰겠다는 생각 자체를 완전히 접어 버렸다. 나는 그냥 조지가 훌륭한 곡을 만들고 있으니 거기에 내가 뭔가를 보태는 것은 전혀 의미가 없다고 생각했다. 조지는 이미 매우 훌륭한 작곡가였고 앞으로 더 위대해질 재능이 있었다. 하지만 그런 사실이 우리의 결정으로 인한 나의 마음고생을 덜어주지는 못했다.

곡 쓰는 일에서 완전히 손을 뗀 후에도 왬!에 대한 열정이 조금도 시들지 않았다면 거짓말일 것이다. 밴드 활동에 대한 확신을 잃었다고 말할 정도는 아니지만, 이전과 같을 수는 없었다. 그럼에도 불구하고 곡을 못 써서 답답한 것과는 별개로 내게 작곡이 그렇게까지 절실하지는 않았다. 하지만 조지는 확실히 나와 달랐다. 조지에게 작곡은 스스로가 원하는 사람이 되기 위한 수단이 되어 버린 것 같았다. 나는 내가 누구인지 확실히 알고 있었다. 나 자신을 위해 목표를 세웠고 그 목표는 우리 밴드를 세계 무대에서 성공시키는 것이었으며 내 삶은 그런 야망을 실현하는 과정이었다. 하지만 나는 여전히 조지의 특별한 재능이 부러웠다. 조지의 재능에 경탄했고 그의 창작 능력을 동경했다. 그에게 내린 축복의 일부만이라도 내게 허락되었다면 더없이 좋았겠지만, 그렇지 않다 해도 조지는 여전히 내 친구였고 그런 그가 자신의 능력을 최대한 발휘하는 첫 시작을 곁에서 지켜볼 수 있다는 것은 기쁨이자 특권이었다.

창작의 부담으로부터 자유로워진 나는 이전과 달라진 유명인의 삶을 즐기기 시작했다. 나는 꽤나 열심히 파티를 돌아다녔지만 그렇다고 일부의 억측처럼 방탕하게 살지는 않았다. 조지는 때때로 나를 말썽꾸러기, 나이트클럽을 전전하며 아무 여자하고나 자는 호색가로 묘사하곤 했다. 완전히 아니라고는 말 못하겠지만, 조지가 과장해서 만들어 낸 이미지보다는 훨씬 절제하며 살았다. 초기 싱글 앨범들이 성공을 거둔 후 우리는 캠든팰리스• 와 왜그클럽••에 갔다가 스팬도 발레, 듀란듀란, 바나나라마 같은 사람들과 술 마시고 춤추는 모습을 사진 찍히곤 했다. 우리는 유명하다는 사실 만으로 가장 인기 있는 클럽에 들어갈 수 있었고 아무리 줄이 길어도 기다릴 필요가 없었다. 나는 취하도록 술을 마셨고 가끔은 말썽도 피웠지만 시끄럽게 싸우거나 호텔 기물을 부수어서 객실을 엉망으로

• 런던 캠든 타운에 위치했던 공연장. 1900년에 캠든극장으로 문을 열었고 1977년부터는 뮤직머신이라는 이름의 라이브 공연장으로 재개장 후 1982년부터 2004년까지 캠든팰리스라는 이름으로 운영되는 동안 뉴로맨틱 밴드들의 단골 무대가 되었으며 마돈나, 프린스 등의 유명 가수들이 출연하기도 했다. 2004년 수리 후 코코KOKO라는 이름으로 재개장했다.

•• 1981년부터 2001년까지에 런던 소호 워더스트리트에 있던 클럽. 힙합, 재즈 등 다양한 장르의 음악 행사가 열렸고 데이비드 보위, 믹 재거 등 뮤지션들이 자주 방문했다고 한다.

만든 일은 절대로 없었다. 놀기는 했어도 때와 장소는 가릴 줄 알았다. 우리는 앨범도 만들어야 했고 홍보도 해야 했다. 새벽 다섯 시까지 술집만 전전했다면 도저히 그런 일들을 해 낼 수 없었을 것이다.

판타스틱 앨범이 마침내 완성되고 1983년 7월 9일에 발매되면서 우리는 바라던 모든 것을 얻었다. 앨범은 1위까지 올라 2주 동안 그 자리에서 내려오지 않았고 결국 116주 동안 차트에 머물렀다. <판타스틱>은 싱글 네 곡으로 완성한 앨범이라고 할 수 있다. 나머지 곡들은 그저 구색 맞추기였다는 점을 인정하지 않을 수 없다. 그중 몇 곡은 너무도 시시해서 심지어 나도 제목이 얼른 기억나지 않을 정도다! 하지만 데뷔 앨범으로서의 역할은 훌륭히 해냈다. <판타스틱>은 조지 마이클의 작곡 능력을 널리 알렸고 왬!이라는 전에 없던 굉장한 신인이 팝계에 등장했음을 보여주었다. 다음 싱글 앨범으로 우리는 변신을 계획했고 새로운 스타일로 전 세계인들의 마음을 사로잡고 싶었다. <판타스틱>에 수록된 '클럽 트로피카나'의 싱글 발매 준비가 끝났고 곧이어 왬!이라는 밴드를 새롭게 정의할 뮤직비디오도 나올 예정이었다.

이제 아무도 우리를 무시할 수 없었다.

14. 고백

1980년대는 새로운 시대의 서막이었다. 뮤직비디오가 등장했고, 뮤직비디오에 경쟁적으로 돈을 쏟아붓는, 세대의 전환이라고 할 만한 변화가 시작되었다. 팝과 록 음악계의 스타들은 MTV용 3분짜리 영상 제작에 터무니없는 예산을 투입했다. 나사(NASA)에서 만들었을 법한 둥근 위성 안테나를 정원에 설치할 여유가 되는 사람들은 이내 사파리 의상을 입은 듀란듀란 멤버들이 스리랑카 정글 속을 뛰어다니는 모습을 볼 수 있었다. 하지만 토요일 아침에는 일반 채널에서도 뮤직비디오를 원없이 볼 수 있었다. <토요일의 슈퍼스토어>나 <스왑숍> 같은 방송을 보려고 TV 앞에 앉은 아이들에게 마이클 잭슨, 신디로퍼, 빌리 아이돌 같은 가수들이 야심차게 준비한 뮤직비디오들이 끝도 없이 쏟아졌다. 왬!을 지구 최강의 밴드로 만들려면 우리도 이 흐름을 타야 했다.

'클럽 트로피카나'는 이 야심찬 모험에 딱 맞는 곡이었다. 이 곡이 제공하는 것은 세련된 런던 댄스 클럽에서 춤추는 콧대 높은 흥겨움이 아니라 10대 시절의 한가로운 여름 한때가 주는 환상이었다. 이전 발표곡들의 다듬어지지 않은 거친 분위기와는 전혀 달랐다. 조금만 눈여겨보면 조지와 나의, 심각할 것 하나 없는 느긋함이 보일 것이다. 그리고 이런 재미의 추구와 현실도피가 우리의 성공 요인이기도 했다.

사이먼과 재즈가 이너비전을 압박해 '클럽 트로피카나'의 뮤직비디오를 이비사에서 촬영하도록 예산을 확보했다고 알렸을 때 나는 전율을 느꼈다. 조지도 나도 이비사에는 가 본 적이 없었고 이비사는 영국 젊은이들 사이에는 아직 잘 알려지지 않은 곳이었다.

80년대 말의 클럽 문화를 대변한 발레아레스나 애시드하우스• 장르는 아직 태동기였고 이비사는 클럽 18-30•• 패키지 상

• 발레아레스, 애시드하우스는 하우스 뮤직의 하위 장르다. 하우스 뮤직은 1980년대 시카고 나이트클럽을 중심으로 DJ들과 음악 프로듀서들이 70년대 디스코에 기계적인 비트 등을 믹싱 해 탄생시킨 일렉트로닉 댄스 뮤직(EDM)의 한 장르인데 해외에 퍼지면서 발레리아스 제도 이비사 섬의 클럽 DJ들이 유행시킨 발레아레스 하우스와 영국의 애시드하우스 등의 하위 장르가 생겼다. - 역주

•• 영국 피터버러에 본사를 두고 18세에서 30세 사이의 고객들에게 주로 클럽 파티를 즐길 수 있는 섬 패키지 여행상품을 판매했으며 2018년 10월 사업을 종료했다. - 역주

품에도 아직 포함되어 있지 않았다. 노래와 마찬가지로 뮤직비디오도 이전에 우리가 만들었던 뮤직비디오들과 달랐다. 왬랩 뮤직비디오 전반부에는 방 2개에 테라스가 딸린 소박한 주택을 배경으로 취업하든지 집에서 나가라는 말을 듣는 젊은이가 등장한다. '클럽 트로피카나'에는 이런 것들 대신 햇빛, 칵테일, 수영장 파티, 노출이 많은 수영복 등이 등장한다.

굳이 플롯이라고 한다면 지중해 연안의 이국적인 호텔에서 유럽 대륙에서 온 아름다운 사람들과 즐거운 시간을 보내는 두 젊은 남자의 이야기다. 대다수 장면을 파이크스 호텔에서 찍었던 것도 훌륭한 선택이었다. 이비사 섬 북서부에 있는 이 호화로운 휴양 명소는 엘튼 존과 프레디 머큐리 같은 유명인들의 사랑을 받았고 특히 이후에 프레디 머큐리가 말도 많고 탈도 많았던 마흔한 번째 생일파티를 열면서 널리 알려졌다. 생일파티에 참석한 사람들이 모엣앤샹동 샴페인 350병을 단숨에 비우는 동안 하늘에서 펼쳐진 불꽃놀이가 멀리 마요르카 섬에서도 보였다고 한다. 완벽한 장소였다.

뮤직비디오는 조지와 내가 부모님의 거실에서 곡을 쓰면서 상상만 했던, 그러나 실제로 본 적은 없는 모든 것을 담았다. 파이크스는 너무나 세련되고 호화로웠다. 촬영 전에 사이먼, 조지와 함께 루프 테라스에서 식사를 했다. 해는 저물어 가고

클럽 트로피카나 뮤직비디오 촬영을 위해 방문한 이비사에서

배경음악처럼 어디선가 매미 소리가 들려왔다. 우리는 마르케스 드 무리에타를 마셨는데 이 리오하 산 화이트 와인은 아버지가 세인스베리에서 사 온 달짝지근한 화이트와인과는 차원이 달랐다. "세상에!" 한 모금 마셔 본 순간 나는 생각했다. '이게 진짜네!' …조지와 나는 다른 투숙객들보다 스무 살은 어렸지만 우리 힘으로 거기까지 갔다. 축하할 이유는 충분했다.

촬영을 마친 다음 날 아침 침대 옆에 놓인 전화기의 요란한 벨 소리에 잠에서 깼다. 조지였다. "안녕, 앤디. …와서 잠깐 얘기 좀 할래?" 나는 시계를 보았다. 늦은 오전이었고 그날은 특별한 일정이 잡혀있지 않아서 나는 아침으로 뭐 먹을지 혹은 남은 48시간 동안 뭘 하며 보낼지 같은 이야기를 하려는 줄 알았다. (우리는 섬에 더 머물면서 잠시 여유를 즐기기로 했었다.) 복도를 가로질러 조지의 방으로 가보니 셜리가 벌써 와서 스위트룸의 커다란 소파에 걸터앉아 있었고 조지는 아직 침대에 있었다. 그는 내가 들어가자 미소를 지었다.

방안 분위기는 아주 편안하고 친숙했지만 조지는 엄청나게 심각한 이야기를 하려는 듯했다.

"이런 말을 할지 말지 고민했어…." 셜리를 건너다보며 조지가 말했다.

"*말해 봐.*"

"…그런데 역시 말을 해야겠더라. 나 게이야."

조지가 나로부터 부정적인 반응을 예상했는지, 아니면 내가 충격을 받거나 실망할 거라고 생각했는지 잘 모르겠다. 하지만 나중에 알게 된 바로는 나보다 셜리에게 먼저 고백했다고 한다. 아마 난 괜찮을 거라고 안심시켜주기를 셜리에게 바랐던 것 같다. 누구보다 나를 잘 아는 셜리의 말에 조지는 곧 마음을 놓을 수 있었다.

"무슨 소리야? 당연히 괜찮지, 걔는 너랑 제일 가까운 친구잖아. 바보 같은 소리 하지 마…."

셜리의 말이 맞았다. 나는 그의 가장 친한 친구였다. 당연히 나는 아무렇지도 않았다. 조지가 게이이건 말건 내게 아무 문제가 되지 않았다. 그가 행복하기만 하다면 나는 달리 바랄 게 없었다.

"알았어." 나는 어깨를 으쓱했다. "뭐, 조금 의외이긴 하네!"

그러자 조지는 한동안 고민했었다고 털어놓았다. 이비사에 도착하고 나서 영국 반즐리에서 온 커플을 만났는데 조지가 나중에 했던 말로 미루어 아마도 게이 커플이었던 것 같다.

"사실은 나도 내가 게이인지 양성애자인지 확실히 모르겠지만."

조지가 나중에 덧붙였다.

나에게 고백한 후 조지는 확실히 더 편안해진 것 같았다. 아마도 본인이 게이이든 아니든 친구인 내게 아무 상관이 없다는 사실을 깨달았기 때문인 것 같다. 비슷한 상황에서 사람들은 어색한 분위기를 무마하기 위해 농담이라도 한 두 마디 해야 할 것 같은 부담을 느끼지만, 우리 사이의 분위기는 전혀 어색해지지 않았다. 조지는 말을 해 버려서 행복한 것 같았다. 셜리와 나는 전혀 거리낌이 없었고 우리 셋은 아무 일 없었다는 듯이 함께 아침을 먹으러 갔다. 그런데 정말로 아무 일도 없었다. 절친한 세 사람이 함께하는 그냥 평범하기 그지없는 아침이었다.

조지의 고백이 금세 내 머리에서 사라져 버렸다는 사실은 우리의 우정이 어떤 성격이었는지를 그 어떤 분석이나 토론보다도 확실히 보여주는 사례일 것이다. 우리는 여러 가지 면에서 매우 가까웠지만, 연애, 사랑, 실연과 같은 문제에 대해 이야기한 적은 없었다. 음악과 코미디에 대해서라면 할 얘기가 많았고, 새로운 밴드나 TV 프로그램에 대해서는 몇 시간이고 기꺼이 의견을 나눌 수 있었다. 간간이 농담을 섞어가며 편안히 대화를 나누기도 했지만 서로의 감정에 깊이 들어가 보지는 않았다. 그냥 우리는 그런 친구였다.

내 마음 한편에는 왜 조지가 더 빨리 말해줄 수 없었을까

하는 의문도 있었지만, 그것도 이해 못할 일은 전혀 아니었다. 연애 얘기는 그때까지 서로 한 번도 해본 적이 없었던 것이다.

하지만 파이크스 호텔에서의 그날 아침 이후, 조지의 삶에서 특정한 부분들이 이해되기 시작했다. 간혹 그가 왜 진지하게 여자와 사귀지 않는지 궁금했었다. 고등학교 때 한두 명 사귀긴 했지만, 그때도 여자친구와의 관계를 우리 둘 사이에 끌어들이지는 않았다.

각자 여자친구를 데리고 와서 더블데이트를 하는 것은 우리 둘 모두에게 상상도 못할 일이었다.

조지가 동성애자라는 사실을 공표할 계획은 없었다. 적어도 우리 두 사람은 그럴 필요가 없다고 생각했다. 동성애자로 살아가는 것이 지금보다 훨씬 힘든 시기였고, 조지는 사람들이 알게 되면 공적으로나 사적으로 자신이 곤란해질 뿐이라는 사실을 직감했다. 자신의 아버지가 그런 뉴스를 반길 리 없다는 것도 알고 있었다. 더구나 자신의 성 정체성이 이제 막 빛을 보기 시작한 경력에 치명적인 영향을 미칠지도 모른다는 점도 두려워했다.

우리 음반을 구매하는 젊은 여성들의 마음을 사로잡는 요소는 함께 신나는 시간을 보내는 두 남자들이라는 즐거운 이미지였다. 영건즈의 싱글 앨범은 50만장 넘게 팔렸고 '배드 보이즈'와 '클럽 트로피카나'도 각각 40만장 넘게 팔렸다. 그 정도의 판매 규모는 우리의 음악이 십대들만의 전유물이 아니라는 점을 시사하는 것이었지만, 조지는 우리의 성공에 이미지가 얼마나 중요한 요소인지를 더 예민하게 느끼고 있었다. 그는 동성애자임을 밝히는 것은 자신이 감당할 수 있는 리스크가 아니라고 판단했다. 그는 세계적으로 유명한 아티스트가 되고 싶었고 거기에 사생활 문제가 끼어들 여지는 없었다. 당분간은 모든 것을 감춰야 했다.

음악적으로 조지는 계속 발전했다. 그는 '케어리스 위스퍼'를 제대로 준비해 발표하려고 마음먹었다. 그는 이미 이너비전에 들려줄 데모 완성본 녹음을 마쳤고 회사는 싱글 앨범을 발매하려고 했었지만, 딕 레이히가 말렸다. 조지는 <판타스틱> 앨범이 차트 상위권에 머무는 동안이 작곡가로서의 성공에 더 다가설 적기라고 생각했다. 더 성인 취향의 곡 전개, 귀에 꽂히는 색소폰, 매력적인 후렴구를 갖춘, 새롭게 업그레이드된 '케어리스 위스퍼'라면 꿈을 이루어줄 것이라고 생각했다.

그런데 딕 레이히가 조지에게 솔깃한 제안을 했다. 미국 앨러배머 주 머슬숄즈 스튜디오에서 녹음하지 않겠냐는 것이었다. 미국 고전 소울음악에 대한 조지의 애정을 감안하면 수많은 소울음악을 녹음한 전설적인 스튜디오는 신의 한 수 같았다. 오티스 레딩, 윌슨 피켓, 아레사 프랭클린, 폴 사이먼, 롤링 스톤즈 등 한다하는 뮤지션들은 모두 그곳에서 녹음했다. 한편 머슬숄즈 소속 인하우스 프로듀서인 제리 웩슬러와 세션 뮤지션들로 구성된 스튜디오 밴드는 업계 최고 실력자들로 평가받는 사람들이었다. 조지는 당장 받아들였다.

하지만 자신이 무엇을 표현하려고 했는지 하나하나 설명하면서 조지는 난관에 부딪혔다. 웩슬러와 그의 밴드가 최고인 것은 맞지만 그들은 조지를 이해하지 못했다.

연주는 완벽했지만, 조지의 경쾌한 리듬에 실린 애절한 멜로디가 단조롭고 무미건조하게 느껴졌다. 조지는 불안해졌고 녹음된 테이프를 가지고 돌아온 그를 보고 나는 단번에 일이 잘못되었다는 것을 알았다. 조지는 우선 말을 아꼈다.

그는 웩슬러를 정말 존경했었다. 그의 경력만 봐도 그가 얼마나 훌륭한 프로듀서인지가 자명했지만, 어쩌면 그 점이 문제였는지 모른다. 위대한 인물에 대한 경외심에 압도된 조지는 전면에 나서지 못했고 녹음은 웩슬러의 뜻대로 진행되었다. 문제는 웩슬러와 그의 밴드가 아무리 완벽하게 녹음을 했어도 조지가 곡에 대해 가지고 있던 분명한 목표와는 맞지 않았다는 점이다.

LA와 뉴욕에서 각각 날아온 두 명의 연주자들이 곡의 시그

니처라고 할 수 있는 도입부의 색소폰 파트를 구현해 보려고 했다. 하지만 둘 다 성공하지 못했다. 곡을 기억에 각인시킬 만큼 표현이 완벽하지 않았기 때문이다. 반주에 묻히지 않으려면 색소폰 파트가 미묘하게 비트를 앞서야 했다.

조지는 매니저 사무실에 나를 끌어다 앉혔다. "앤디, 너는 어떻게 생각해?" 그는 머슬숄즈에서 녹음해 온 결과물을 스테레오 플레이어에 넣으며 물었다. 나는 최대한 집중해서 들었지만 결과는 기대 이하였다. 처음 데모 버전이 가지고 있던 모든 매력들이 깎여 나갔다. 새로운 버전은 생명이 없었다. 나는 조지가 불만을 토로하기 전에 일단 내 의견을 듣고 싶어 한다는 것을 깨달았다.

이제 더 이상 함께 곡을 쓰지는 않지만 나는 그가 녹음해 온 결과물에 대해 솔직한 의견을 말해줘야 한다고 생각했다. 조지는 여전히 내 의견을 존중했고 원하는 결과가 아니면 버리는 데 우리 둘 다 망설임이 없었다. 글램록을 가미한 '웸! 쉐이크(Wham! Shake)'라는 곡의 데모를 고생고생해서 만들어 놓고 결국 보류하기로 결정한 것도 그즈음이었다. 하지만 '케어리스 위스퍼'은 조지의 대표작으로 손꼽혀야 할 곡이었다. 음악 소리가 점점 잦아들 무렵 마침내 내가 입을 열었다.

"글쎄 이건 데모 때보다 별로다, 안 그래?"

15. '소울 보이'의 첫 투어

앨범이 차트에서 선전하고 있으니 이제는 공연에 나설 차례였다. 하지만 영국에서 첫 전국 투어를 한다는 것이 정확히 어떤 경험이 될지 그때는 나도 아직 확실히 알지 못했다. 반주 음원을 틀어 놓고 사람들 앞에서 노래하는 것이 고작이었으므로 무대 경험이 상당히 부족했다. 그럼에도 나는 30일간의 투어 일정을 앞두고 꽤나 느긋했다. *(애버딘, 에든버러, 글래스고)* 열여섯 살에 조지와 함께 '디 이그제큐티브' 밴드를 결성한 이래로 나는 언젠가 라이브 무대에 서 보겠다는 포부가 있었다. *(레스터, 세인트오스텔, 브리스틀)* 그리고 전국을 돌며 제대로 된 공연을 한다는 것은 나와 조지가 침실이며 거실에서 함께 구상한 곡들을 진짜, 살아있는 유료 관객들 앞에서 들려줄 기회를 갖게 된다는 의미였다. *(런던, 휘틀리베이, 풀)* 굳이 비유하자면 나는 어린 시절 읽었던 모험소설 같은 경험을 기대했다. 네 명의 (나름) 순수한 20대 아이들이 주인공인 모험 소설. *(스완지, 버밍엄, 브라이턴)*

생각만 해도 흥미진진했다.

하지만 조지에게 실제 관중 앞에서 선다는 것은 또 다른 부담을 의미했다.

젊음의 에너지가 가득한 '클럽 트로피카나' 발매 후 악의적으로 돌아선 언론과 우리를 외모로 승부하는 보이 밴드로 몰아가는 타블로이드 신문들 때문에 조지는 우리가 진지하게 받아들여지지 않을까봐 걱정했다. 클럽 판타스틱 투어는 우리를 향한 그런 삐딱한 시선들이 틀렸다는 것을 증명할 기회였지만 성공하려면 세련되고 완벽한 무대를 준비해야 했다. 우리의 음악, 조지의 음악적 재능이 빛나야 했다. 재미있어야 하는 건 물론이지만, 악보로 존재하는 곡들을 실제 무대에서 구현하는 것이므로 스튜디오 수준의 결과가 나오도록 음향과 편곡도 꼼꼼하게 살펴야 했다.

간단해 보이지만 조지도 나도 우리의 현실을 잘 알고 있었다. 우리가 발매한 곡들은 리허설이나 실제 합주를 거치면서 완성된 것이 아니었다. 공연을 다니는 틈틈이 이동하는 차 안에서 떠오른 영감을 긴 시간을 들여 하나의 곡으로 발전시킨

WHAM!

OCTOBER 1983

Mon	10th	ABERDEEN Capitol Theatre	£5.00 £4.50 £4.00
Tues	11th	EDINBURGH Playhouse Theatre	£5.00 £4.50 £4.00
Thurs	13th	GLASGOW Apollo Theatre	£5.00 £4.50 £4.00
Fri	14th	LANCASTER University	£4.00
Sat	15th	NEWCASTLE City Hall	£5.00 £4.50 £4.00
Sun	16th	MANCHESTER Apollo	£5.00 £4.50 £4.00
Tues	18th	LIVERPOOL Royal Court Theatre	£5.00 £4.50 £4.00
Wed	19th	SHEFFIELD City Hall	£5.00 £4.50 £4.00
Fri	21st	LEICESTER De Montfort Hall	£5.00 £4.50 £4.00
Sat	22nd	ST AUSTELL Coliseum	£5.00 £4.50 £4.00
Sun	23rd	BRISTOL Studio	£5.00
Mon	24th	SWANSEA Top Rank	£5.00
Thur	27th	HAMMERSMITH Odeon	£5.00 £4.50 £4.00
Sun	30th	BRIGHTON Centre	£5.00 £4.50 £4.00

NOVEMBER 1983

Tues	1st	NOTTINGHAM Royal Court Theatre	£5.00 £4.50 £4.00
Wed	2nd	POOLE Arts Centre	£5.00 £4.50 £4.00
Thurs	3rd	CRAWLEY Leisure Centre	£5.00
Fri	4th	LEEDS University	£4.25
Sun	6th	BIRMINGHAM Odeon	£5.00 £4.50 £4.00

THE CLUB FANTASTIC TOUR!

THEIR NO. 1
ALBUM & CASSETTE

경험이 우리에겐 없었다. 반면 조지와 나는 왬랩 같은 곡을 쓰고 쓴 대로 충실하게 녹음했다. 그렇게 왬!은 스튜디오에서 갈고 다듬어진 곡들은 다수 가지고 있었지만 그 곡들을 관객들 앞에서 라이브로 연주해 보지는 않았던 것이다. <탑 오브 더 팝스>에 출연해 팬들에게 보여준 '영 건즈'와 '배드 보이즈'의 안무 동작들도 공연에 넣어야 했다. 결국 관객들이 돈을 내고 공연을 보러 오는 이유는 그런 것들을 보기 위해서다. 그 정도 수준의 볼거리를 제공하지 못한다면 많은 실망만 남길 것이고 우리 둘 다 어떤 식으로든 실망하고 싶지 않았다.

또 노래도 녹음해서 들을 때와 다름없도록 충실하게 재프로듀싱해야 했다. 왬!은 제네시스, 핑크 플로이드, 에머슨 레이크 앤드 파머 같은 자질의 밴드는 아니었다. 원곡에 없는 부분을 추가하거나 즉흥 연주를 하는 것은 우리와 맞지 않았다. 왬! 팬들은 히트곡을 듣고 싶어서 콘서트에 올 것이고, 라디오에서 듣던 그대로의 곡을 더 크고 신나게 연주해 주길 바랄 것이다. 자기도취에 빠질 여유는 없었다.

조지는 우리 음악이 충분히 존중받지 못할까봐 걱정이었지만, 공연은 우리의 젊은 에너지를 충분히 드러내고 재미를 주어야 했다. '클럽 트로피카나'가 추구하는 것은 순수한 쾌락이었으므로 '영 건즈' 때의 가죽과 데님은 치워버렸다. 대신 나는 스포츠웨어를 강력하게 제안했다. 그러는 편이 콘서트를 찾은 팬들이 자유와 도피를 만끽했으면 하는 우리의 바람을 더 잘 함축할 수 있을 것 같았다.

신나는 파티 분위기를 더 고조시키기 위해 우리는 오프닝 무대를 밴드 대신 캐피탈 라디오 디제이 개리 크롤리에게 맡기기로 했다. 개리는 디제이들 중에 거의 최초로 왬!을 적극적으로 소개한 인물이고, 따라서 우리 공연에 참여할 이유가 충분했다. 더 완벽한 클럽 분위기를 조성하기 위해 브레이크 댄스 팀인 에클립스도 섭외해 개리의 순서에 공연을 부탁했다. 클럽 판타스틱 공연의 주 타깃은 왬!의 젊은 여성 팬들이었다. 여성들을 공연장에 데려다 주러 마지못해 끌려 온 남자 형제들, 남자 친구들에게 뭐라도 즐길 거리를 주고 싶었다.

다가올 공연의 대략적인 윤곽이 나온 것은 공연 개시 수주 전이었다. 왬!은 런던 라이시움 극장에서 열린 캐피탈 라디오 주관 베스트 디스코 인 타운 쇼에 게스트로 초대되었다. 진짜 라이브라고 할 만한 무대에 처음 서보는 것이었다. 활동 초기 클럽 공연을 기획했던 사람들은 라이브 무대에 대한 사전 대비를 전혀 시켜 주지 않았다. 무대로 오르자마자 비명 소리가 공연장 내부에 쩌렁쩌렁 울렸다. 공연장이 온통 소리를 지르며 배너와 깃발을 흔드는 소녀들과 그녀들의 비명으로 가득했다.

진동이 느껴질 정도였다. 무대 위로 곰인형이 날아왔고 곧이어 여성 속옷처럼 보이는 물건도 날아왔다. 나는 이게 대체 무슨 일인가 싶어 조지를 돌아보았다.

"난리 법석이야!" 나는 소음을 뚫고 소리쳤다. "이럴 줄은 예상 못 했어."

그럼 도대체 뭘 기대했는데? '클럽 트로피카나'는 우리가 꿈에도 생각 못 했던 방향으로 대중들의 상상에 불을 지폈다. 게다가 뒤에서 우리의 매니저인 사이먼이 더욱 부채질을 했다. 전국의 신문사란 신문사는 다 찾아가 연예부 에디터들과 술도 마시고 밥도 먹으면서 우리의 이름이 매일같이 요란하게 기사화되도록 힘을 썼다. 작은 일도 크게 부풀려 기사를 쓰는 일이 흔한 업계의 관행을 고려한다 해도 그렇게까지 지면을 할애하는 경우는 드물었다. 순식간에 사실과 허구를 구별하는 일만 전담하는 업무까지 생겼다. 기사의 대부분은 새빨간 거짓말이었고, 아니나 다를까 자극적이어야 돈이 된다는 케케묵은 상식을 확인시켜주는 내용이 대부분이었다.

그중 한 가지 에피소드는 사이먼이 "본의 아니게" 런던 스탠더드 지에 흘린 것이었는데, 이비사에 갔을 때 조지가 네 사람 모두 파이크스 호텔 스위트룸에서 같이 자자고 제안했고 결국 불가피하게 성적인 방종으로 이어졌다는 내용이었다. 사이먼은 기나긴 점심시간 거나하게 술까지 한잔하며 이야기보따리를 풀어 놓았으면서 나중에 가서는 말하고 나서 바로 후회했다고 둘러댔다. 하지만 그날 초저녁에 발행된 스탠더드 지 1면에는 왬! 광란의 밤! 이라는 제목과 기사가 보란 듯이 실렸다.

물론 터무니없는 거짓이었지만 그런 것도 다 도움이 된다는 것이 사이먼의 생각이었다. 팬들을 흥분시킬 수만 있다면 그에겐 뭐든 상관없었다. 우리 밴드는 천편일률적인 인터뷰에 대처하는 최선의 방식은 기자들과 같은 수준으로 뻔뻔해지는 것이라는 점을 깨달았다. 누구도 특별히 그런 과정을 즐기지는 않았지만, 1983년 가을, 첫 공연을 앞두고 있던 우리는 되도록 언론에 장단을 맞춰 줘야 한다는 인식을 가지고 있었다. 사이먼은 누구보다도 홍보에 능숙했고 티켓을 파는 가장 좋은 방법은 왬!을 계속 뉴스에 등장시키는 것이라는 확고한 생각이 있었다. 기자들을 잇달아 만나면서 나는 내가 무슨 말을 하건, 얼마나 친절하게 그들을 대하건 아무 상관이 없다는 것을 깨달았다. 섹스에 환장한 어린 남자애들 둘이 라이브 공연을 한다는 이야기의 큰 흐름은 우리가 무슨 말을 하건 어떤 행동을 하건 달라지지 않았다.

나중에는 재미로 우리 자신에 대해 없는 이야기를 만들어내고, 상상 속 성적 판타지랍시고 황당할 정도로 터무니없는 이야기를 지어냈지만, 지루함을 달래자고 몇 마디 던진 이야기들이 막상 활자화되어 나오면 썩 유쾌하지만은 않았다. 우리는 음악적으로 존중받기를 원했는데 아이러니하게도 그냥 한 말들만 너무 크게 존중받았다. 한번은 기자에게 내가 "여자들이 꿈꾸는 연인"이라고 장난삼아 떠벌렸다.

"촛불을 밝히고 식사를 하면서 여자와 이야기하는 걸 좋아해요. 서로가 마음에 들면 그녀의 집이나 호텔로 가죠…. 이제 우리는 여성들의 마음을 훔치는 스타가 되었으니 외모도 많이 신경써요. 조지는 피부가 조금만 창백해 보여도 선탠을 하고, 나는 이제 슈퍼마켓에 갈 때도 되도록 슬리퍼 차림은 피하려고 해요."

이게 대체 무슨 소리인지!?

장난으로 했던 말들이 크게 부풀려져 신문 지면에 마르고 닳도록 실렸다. 내 말을 인용해 큰 글자로 확대 인쇄한 문장 위에는 '왬! 충격 고백!' 이라는 제목과 함께 '클럽 트로피카나' 홍보를 위해 찍었던 너무 몸에 딱 붙는 짧은 바지 차림으로 도발적인 포즈를 취한 우리 두 사람의 사진이 실렸다.

조지와 나는 조간신문을 읽다가 어이가 없어서 소리 내어 웃었다. 바보 같았다.

하지만 홍보수단으로서 사이먼의 전략은 막강한 힘을 발휘했다. 박스오피스에서 클럽 판타스틱 투어의 티켓이 모두 매진되었다.

팬들이 열광하기 시작했다.

16. 십대 팬클럽

첫날 애버딘의 캐피틀 극장 공연을 앞두고 대기실에서 준비하는 동안 우리 둘은 너무나 흥분했다. 둘 다 가만히 앉아 있지 못하고 우리 이름을 건 첫 정식 공연을 한다는 생각에 들떠 방 안을 이리저리 뛰어다녔다. 그런데 우리만 흥분한 게 아니었다.

투어가 시작되고 애버딘, 에든버러, 글래스고를 차례로 방문했는데 어디를 가나 언론의 관심이 온통 집중되고 흥분한 사람들이 우리를 에워쌌다. 무대에서 우리는 분위기를 한층 더 고조시키기 위해 뭐든 했고 새로 얻은 난봉꾼 이미지에도 기꺼이 부합하려고 노력했다. 투어 자금 조달을 위해 사이먼과 재즈는 스포츠 브랜드 필라와 어렵사리 계약을 성사시켰는데, 필라는 다수의 유명 테니스 선수들에게 윔블던 공식 백색 유

니폼을 제공하는 업체로 잘 알려져 있었다. 하지만 불행히도 우리에게는 제공된 의상은 선명한 빨강과 노랑이었고 착용한 우리의 모습은 보기에 따라 우스꽝스러울 정도였다. 몸에 달라붙는 운동복 바지가 너무 튀지 않도록 무대에 설 때는 왬! 이라는 팀명이 적힌 크롭 상의와 스포티한 느낌의 재킷을 번갈아 입어서 변화를 주려고 했다. 하지만 사람들은 짧은 바지만 기억했다. 운동복이 아니라 여성용 핫팬츠처럼 보였다. 조지와 나는 그런대로 적응했지만 뒤에서 연주를 해주는 밴드 멤버 중에는 불편해 하는 사람도 있었다.

크롭 셔츠와 짧은 바지를 입고 무대 위를 발랄하게 뛰어다녔다고 하면 마냥 해맑게 웃고 즐겼을 것 같지만, 우리는 재미를 위해서 물불을 가리지 않았다. 조지가 호주머니에서 셔틀콕을 꺼내 자기 팔을 아래위로 쓸다가 바지 속으로 집어넣을 때마다 젊은 여성 관객들 사이의 분위기가 후끈 달아올랐다. '세상에, 저게 뭐람.' 나는 첫날 공연에서 조지가 셔틀콕을 꺼내 객석 맨 앞줄로 던지는 것을 보며 생각했다. 나는 매일 밤 수천 명의 십대 소녀들이 이 보기 드문 집단 유혹의 기술에 이성을 잃는 모습을 그저 놀라워하며 바라보았다. 때때로 지금 대체 무슨 일이 벌어지고 있는지 이해하기 힘들 때도 있었다.

내 순진한 부모님이 이걸 보면 뭐라고 하실까, 나는 부모님이 공연에 오기 전에 생각했다. 아버지는 아들이 80년대 팝 음악에 한몫을 하는 순간이 수천 명의 소녀들이 지르는 비명 소리에 묻혀 버리는 이 모든 상황이 그저 어리둥절하기만 했던 것 같다. 왬!의 음악도 대중의 사랑도 아버지에게는 그저 불가사의일 뿐이었다. 자신의 십대 시절에는 최고의 밴드에게나 가능했던 상업적 성공을 십대 어린애 둘이 벌써 누리게 되었다는 사실이 아버지에게는 그저 납득할 수가 없었다. 하지만 어머니는 처음에 약간의 충격을 극복한 후 이내 공연을 즐기시는 것 같았고 우리의 성공이 정말 자랑스럽다고 말씀해 주셨다. 하지만 어머니는 당시 겨우 마흔 살이었다. 공연 티켓이 매진되고, 열광하는 수많은 팬들 앞에서 아들이 공연을 한다는 사실이 아마도 마냥 신기했을 것이다.

무대 위에서 봐도 믿기지 않기는 마찬가지였다. 물론 울며 소리 지르는 팬들의 모습을 볼 때마다 우쭐해지긴 했다. 열광하는 팬들이 존재한다는 것과 평론가들의 인정을 받는 것과는 다른 문제였지만 그래도 나는 상관없었다. 평가 같은 건 관객들에게 받는 사랑에 비하면 아무 것도 아니었다. 매일 밤 우리를 향해 소리 지르는 아이들은 *우리의* 팬이었고, *우리*를 보러 온 관객들이었으며 그래서 우리는 그들에 대해 커다란 애정을 느꼈다. 나는 그냥 그들이 왬!을 사랑해 주는 것이 감사했다. 나는 한 번도 '세상에, 갑자기 여자들이 내 *진짜* 매력을 알아보기 시작했나봐' 같은 허튼 착각에 빠지지 않았다. *갑자기 인기가 많아진 건 어쨌든 부인할 수 없는 사실이었지만.*

무대 밖에서도 상황은 다르지 않았다. 앙코르 곡으로 보통 선곡하는 시크의 '굿타임스'를 다 부르고 나면 우리는 곧바로 사람들에게 둘러싸이기 전에 무대 출입문으로 탈출을 시도했다. 하지만 성공하는 경우는 거의 없었다. 겨우 안전하게 차에 타고 나서도 여전히 안심할 수 없었다. 차 주변에 몰려든 소녀들 때문에 차가 양옆으로 흔들리면 그 안에서 우리도 이리저리 흔들릴 수밖에 없었다. 잠긴 차문 손잡이를 움켜잡기도 하고 유리창을 주먹으로 두드리기도 했다. 수십 명이 유리에 얼굴을 눌러댔다. '얘들아, 제발 그러지 마.' 창밖의 아수라장이 점점 격해져 가는 것을 보며 나는 생각하곤 했다. '잠깐만 진정해 주면 안 되겠니. *제발…*.'

무엇보다 기억에 남는 사건은 어느 날 고함과 고조된 분위기, 귀가 멀어버릴 것 같은 불협화음을 뚫고 군중에서 떨어져 나온 소녀 하나가 우리 차 보닛 위에 둔탁한 소리를 내며 큰 대자로 엎어져 버린 일이었다. 기어서 우리에게 다가오는 소녀의 입 모양은 "*조지!*"라고 부르는 것 같았다. 그녀는 조지 로메로 감독의 좀비 영화에 나오는 단역 배우들처럼 팔다리를 움직이며 이번에는 “*앤드류!*”라고 외쳤다.

조지 쪽을 한 번 본 나는 그가 느끼는 불안을 감지했다. 그는 우리가 처한 당황스러운 상황에 스트레스를 받았고 2톤에 달하는 자동차의 강철 프레임이 구름떼처럼 모여들어 소리 지르고, 울부짖고 손을 흔드는 십대들을 향해 전진할 때면 누군가 심각하게 다치지 않을까 걱정했다.

우리 차의 운전기사는 한 손으로 경적을 누른 채 손을 떼지 않았다. 우리를 둘러싼 얼굴들이 갑자기 차바퀴에 깔릴지도 모른다는 것을 깨달은 듯 한꺼번에 뒤로 조금씩 물러나면서 차는 서서히 앞으로 나갔다.

차가 겨우 충분히 속도를 내면서 사람들의 무리가 백미러 안에서 점점 작아질 때쯤에야 우리는 겨우 안도했다. 하지만 아직 위험에서 완전히 벗어난 것은 아니었다. 대다수 소녀들이 우리가 떠난 자리에 남아 서로 껴안고, 울고, 소리지르는 동안 극단적인 일부는 반대편에서 달려오는 차들도 무시한 채 우리 차 뒤를 따라왔다. 혼잡한 도로를 무단으로 건너며 조지와 나를 한 번 더 보려고 목숨을 건 위험을 무릅쓰는 그들을 우리는 차 뒷좌석에서 울지도 웃지도 못하고 지켜볼 뿐이었다. 모두 *제정신이 아니었다.*

그리고 그런 분위기야말로 우리 매니지먼트 팀이 바랐던 반응이었다.

우리를 향한 여성들의 관심이 고조되어갔지만, 공연 기간의 생활에는 섹스도, 마약도, 록앤롤도 없었다. 셜리는 우리 둘 모두에게 좋은 친구였다. 그리고 그동안 코러스로 함께 했던 디(Dee C. Lee)가 폴 웰러가 만든 스타일 카운실이라는 밴드로 옮겨가면서 '펩시'라는 이름으로 알려진 헬렌 드맥을 새로 영입했다. 새로운 인물이 들어왔지만 무대 뒤의 분위기는 그 어느 때보다 행복하고 원만했다. 모터헤드나 에어로스미스같은 거친 이미지의 락 밴드들과나 어울리는 락커 정신 같은 건 우리와는 무관했다. 첫 투어 때의 괴상한 즉흥 파티를 제외하면 팬들과의 부적절한 접촉은 생각조차 할 수 없는 일이었다.

우리의 청중들 대다수가 사춘기 이전의 어린 소녀들과 마지못해 그들을 따라온 보호자들이라는 점을 감안해 조지와 나는 다른 곳에서 데이트 상대를 찾아야 했다. 이비사에서의 고백에도 불구하고, 조지는 함께 공연하는 사람들이나 팬들 가까이에서 지낼 뿐 따로 사생활이라고 할 게 없었다. 새삼스러운 일도 아니었다. 조지는 늘 조심스럽게 처신했고 투어 중에 특별한 만남이 있었다 한들 이러쿵저러쿵 자세하게 떠벌리지 않았을 것이다. 그는 또 우리가 함께 있으면 너무 많은 관심이 두 사람에게 쏠린다고 생각했다. 모든 시선이 우리에게 쏠려 있는데 사적인 시간을 즐기기는 불가능했다. 혼자 있을 때는 더 빠르고 편하게 관계를 진전시키는 것 같았다. 머드 클럽이나 왜그 같은, 런던의 게이 문화와 클럽 문화의 테두리 안에서 조지의 성 정체성이 조금씩 드러나기 시작했다. 물론 극히 소수의 믿을 수 있는 사람들과 있을 때가 아니면 조지는 늘 신중했다.

조지는 왬!에 관심이 집중되는 동안에는 남성들에게 연애 감정을 드러내지 않았다. 우리가 몸 담고 있는 업계에서는 성 정체성이라는 개념이 점점 모호해지고 있었지만, 그는 여전히 게이임을 밝히는 것이 경력에 큰 누가 될지 모른다고 염려했다.

우리 두 사람 다 성적인 욕구를 해소할 기회는 거의 없었다. 대충 편하게 살다가 남는 시간에 소일거리로 방송 출연 한 번 하고, 폼나는 사진 몇 장 찍으면서 엄청 열심히 일하는 척한다고 흔히들 오해하곤 하지만 왬!의 현실은 크게 달랐다. 첫 투어에 맞춰 라디오 방송에 출연하고, TV와 각종 매체들과 인터뷰를 하는 바쁜 일정을 소화하려면 놀러 다닐 시간은 아예 없었다. 그렇다고 우리 둘 다 그런 점을 크게 불편해하지도 않았다. 나는 정서적으로 의지할 대상이나 애정을 갈구하는 편도 아니었다. 조지와 나는 서로에게 의지했지만 둘 다 젊기도 했고 주변에는 펩시와 셜리 같은 친구들도 있었다. 우리들 사이에는 긴밀한 유대가 형성되었고 어딘지 모르게 친밀하고 화목한 가족 같은 느낌이 있었다. 매일 밤 아무 여자나 데리고 나타나도 괜찮은 그런 분위기가 아니었다.

우리는 왬!의 성공을 위해 똘똘 뭉쳤고 딴 생각은 하지 않았다.

그러던 중 재앙이 닥쳤다.

매일 90분씩 무대에서 노래하고 말을 하느라 조지가 목을 너무 혹사했다. 10월 말 경 투어를 절반쯤 소화했을 때는 그의 성대가 더 이상 버티지 못했고 누가 봐도 투어를 계속할 수 있는 상태가 아니었다.

"미안해, 앤드류." 2번의 런던 공연 중 첫날을 간신히 버틴 조지가 말했다. "투어를 조금 미뤄야 할지도 모르는데, 어떻게 생각해?"

투어 일정을 취소한다는 생각만으로 아찔했지만 그래도 나는 고개를 끄덕였다. 투어를 진심으로 즐기고 있었고 계속하고 싶은 생각이 간절했지만, 스트레스가 심해서 조지가 나머지 일정을 연기하고 싶어 할 정도라면 상황이 상당히 심각하다는 것도 알고 있었다. 조지는 구차하게 변명하는 걸 좋아하지 않았고, 첫 번째 투어가 갖는 중요성을 누구보다 잘 알고 있었다. 하지만 조지는 독단적으로 결정을 내리려고는 하지 않았다. 음악적으로는 언제나 확신에 차 있었지만, 다른 커다란 문제들을 결정할 때에는 여전히 확인받고 싶어 했다. 지금과 같은 상황에서는 예전과 다름없이 나에게 의지했다.

그는 우리가 세상을 보는 눈이 매우 비슷하다는 것을 알고 있었고, 무엇보다 내가 언제나 다른 외부의 영향보다 우리의 우정을 최우선시한다는 것도 알고 있었다. 우리 둘 다 그 점에 대해서는 서로를 믿었다.

목소리 때문에 힘들어지기 전부터 나는 조지가 나만큼 투어를 즐기지 않는다는 것을 느꼈다. 그는 늘 작곡을 통해서 자신을 정의했다. 스튜디오에서는 그가 모든 것을 제어할 수 있었다. 하지만 스튜디오 밖, 공연장에서는 고려해야 할 변수들이 너무 많았고, 그 많은 변수들이 각각 문제를 일으킬 수 있었다. 그런 점이 조지에게는 너무나 큰 스트레스였다. 자신의 호텔 방에 있거나 홍보 일정을 소화할 때가 아니면, 조지는 대부분의 시간을 공연장에서 보내며 라이브 쇼의 세세한 부분들이 가능한 완벽하게 준비되도록 확인하고 또 확인했다. 우리의 사운드는 정확해야 했다. 조지는 음감이 뛰어났고 대다수 사람들이 감지할 수 없는 범위의 결함이나 문제점을 잡아냈다. 마이크나 무대 모니터에 문제가 있으면 망설임 없이 지적했고, 아무도 인지하지 못한 문제를 혼자서 제기할 때도 거리낌이 없었다. 그리고 언제나 그가 옳았다.

하지만 작은 것도 그냥 보아 넘기지 않는 세심함이 보상을 받은 셈이다. 클럽 판타스틱 투어는 티켓이 매진되는 성공을 거두었고 우리의 데뷔 앨범도 크게 히트했다. 하지만 내가 투어 중인 팝 밴드의 일원으로써 느끼는 행복을 만끽하고 폭발적인 인기에 마냥 기뻐만 하고 있는 동안에도 조지는 만족하지 않았다. *조지에게는 그 모두가 시작에 불과했다.* 1983년 당시 큰 인기를 누리던 데이비드 보위, 마이클 잭슨, 빌리 조엘 같은 가수들만큼 성공할 수 있는 가능성이 보이기 시작하자 그의 결의와 자신감은 폭발적으로 커졌다. 그가 마음에 두고 있던 문제는 단 하나였다. *얼마나 빨리 그런 성공에 도달할 수 있을까?* 다음 히트곡, 그의 능력을 확인시킬 다음 기회가 언제인지가 관건이었다.

내 삶은 훨씬 더 단순했다. 나는 순간순간에 충실했고 현재의 모험이 얼마나 오래 지속될지, 혹은 왬!이 어떤 밴드로 남을지에 대해 크게 조바심 내지 않았다. 하지만 그것은 조지처럼 우리 음악이 나를 정의한다고는 결코 느끼지 않았기 때문이기도 했다. 그냥 왬!에 *속해 있는 것이* 내 음악적 야망의 정점에 이미 도달했다는 것을 의미했다.

나는 또 좋은 사람들과 투어 버스를 타고 여기저기를 돌아다니는 경험에서 행복 이상의 즐거움을 느꼈다. 반면 조지는 가정, 가족에 대한 애착이 훨씬 더 깊었다. 그런 애착 때문에 조지라는 인간의 공적인 면과 사적이 면은 확연히 서로 구별되어 있었다. 집에서 그는 게오르기오스이고, 요그이고, 온전한 *그 자신일 수 있었고* 그로 인해 누릴 수 있는 안정감이 조지에게는 중요했다. 하지만 왬!으로서 투어를 하는 동안 조지는 대중에게 알려진 모습만 보여주었고 그것은 자연스럽게 우러나오는 모습이 아니었다.

호텔 안에 머무르는 시간이 생기면 조지는 바깥에 모인 팬들에게 방해받지 않고 방에만 있으려고 했다. 새로운 곳에 가도 별로 감흥을 느끼지 못했다. 그런 것들은 그의 관심을 끌지 못했다. 또 공연의 특성상 매일 밤 같은 노래와 춤을 반복하는 것도 진심으로 즐기지 않았다고 나는 생각한다. 그런 일들은 금방 그에게 따분한 일상 업무가 되어 버렸다. 곡을 쓰건 녹음을 하건, 조지는 새로운 것을 창작하고 만들 때 훨씬 더 행복했다. 무엇보다 라이브 무대에서 눈 앞의 관객에게 뭔가를 보여줘야 한다는 책임감은 늘 조지 쪽에 더 치우쳐 있었다. 나는 때때로 관객의 시야를 벗어날 때도 있었지만 조지는 그렇지 않았다.

게다가 나는 노래를 부를 필요가 없었다.

조지의 목소리와 앞으로의 투어 일정에 대해서 처음 주저하며 말을 꺼낼 때가 우리에게는 가장 곤혹스러웠다. 처음 한동안은 그냥 투어를 계속해야 한다는 압박을 받았다. 하지만 조지는 투어를 강행하도록 강요하는 홍보회사와 매니저들 앞에서도 뜻을 굽히지 않았고 결국 일정이 연기되어 조지는 회복할 수 있는 여유를 얻었다.

하지만 *그의 악기*이기도 한 목소리가 그렇게 중요한 순간에 망가졌다는 사실은 정말로 심각한 문제였다. 조지는 공연 전에 목을 풀거나 자기 전에 목에 좋다는 레몬 꿀차 같은 것을 따로 마시는 사람이 아니었다. 우리는 당시 조지의 목에 용종이 있는 줄도 몰랐고 결국 나중에 그것 때문에 수술까지 해야 했다. 클럽 판타스틱 공연 중에는 그의 목소리가 망가진 원인을 알지 못한 채 막연히 불안해하기만 했다.

채우지 못한 공연 일정은 연말로 미루어졌고 나는 부모님이 계신 집으로 돌아갔다. 앨범이 대박 나고, 전국 투어가 매진되면서 성공을 실감했고 영국의 온갖 타블로이드 신문과 잡지

팬들이 집 앞에 불쑥 나타나는 일도 종종 있었지만
어머니는 늘 웃는 얼굴로 그들을 맞아주셨다.

표지에 내 얼굴이 실렸지만 나는 여전히 빈털터리였다. 재즈와 사이먼이 이너비전과의 음반 계약으로부터 우리를 완전히 풀어줄 때까지 아직 시간이 더 걸렸지만, 내 작은 방에 누워있으면 별로 불안하지는 않았다. 조지처럼 나도 우리가 목표를 향해 잘 가고 있다는 걸 느끼고 있었기 때문이다. 그리고 우리 앞에는 수많은 모험이 기다리고 있었다.

17. 언론과의 전쟁

일단 조지의 목소리가 회복되자 남은 투어 일정도 소녀 팬들의 열렬한 환호 속에 성공적으로 마칠 수 있었다. 재즈와 사이먼은 약속대로 이너비전과의 계약에서 우리를 어렵게 해방시켜 주었다.

하지만 이너비전은 우리를 곱게 보내주지 않았다. 그때까지의 히트곡을 메들리로 엮은 <클럽 판타스틱 메가믹스>라는 끔찍한 앨범을 우리의 동의도 없이 발매했다. 우리 쪽에서 막을 수 있는 방법은 없었지만, 그것을 끝으로 그들도 더 이상 왬!이라는 이름을 팔아 돈을 벌 수 없게 되었다. 우리는 영국에서는 에픽 레코드와, 미국에서는 컬럼비아 사와 각각 계약했다. 우리의 노력에 대해 더 공정한 보상을 받을 수 있을 것이라 기대하며 우리는 새로운 앨범에 대해 생각하기 시작했다.

조지는 만들어 놓은 곡들이 있어서 창작 과정을 단축시킬 수 있었고 데모만 만들었다가 접은 왬 쉐이크!를 녹음하려고 예약해 둔 스튜디오에서 재빨리 첫 번째 싱글을 녹음했다. 새 곡의 가사는 의외의 출처로부터 영감을 얻었다. 내가 자기 전에 부모님 집 냉장고에 붙여 둔 "엄마, 나가기 전에 나 꼭, 꼭, 깨워주세요.(Mum, wake me up up before you go go)" 라는 메모가 단서가 되었다.

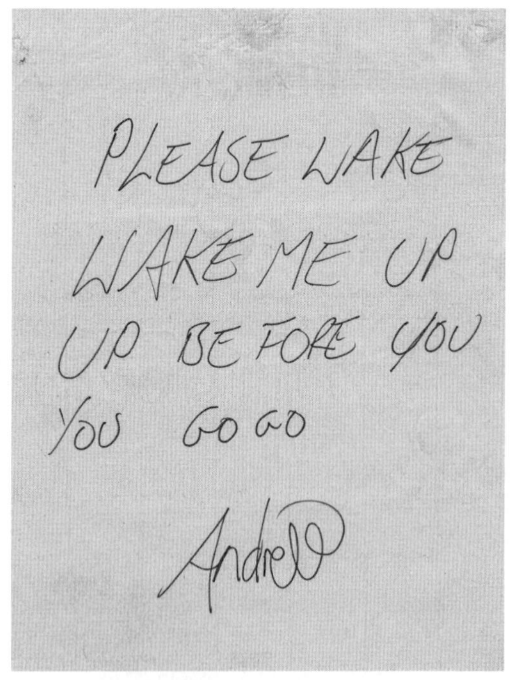
PLEASE WAKE
WAKE ME UP
UP BEFORE YOU
YOU GO GO

Andrew

이 짧은 메모 하나가 시작이었다….

스무 살짜리 팝 스타였던 내가 뭘 하려고 깨워달라고 했는지는 알 수 없다. up과 go를 두 번씩 쓴 이유는 짐작할 수도 있을 것 같다. 아무튼 이 메모가 조지의 눈에 띄었고, 조지는 곧바로 50~60년대 유행하던 스타일의 발랄한 록앤롤 음악을 떠올렸다. 그렇게 해서 만들어진 곡은 처음의 아이디어보다 훨씬 더 많은 것을 담았다. 도입부의 지터버그•와 손가락 튀기는 소리를 비롯해 이 곡은 모든 파트에서 흥과 에너지가 탄산처럼 톡톡 터진다. 중독성 있는 멜로디, 지칠 줄 모르는 리듬, 저절로 따라 부르게 되는 후렴구는 거부할 수 없을 만큼 매력적이다. '웨이크 미 업 비포 유 고고'가 있는 한, 새 앨범의 오프닝곡은 정해진 거나 마찬가지였다. 그다음 곡은 앨범의 마지막 트랙에 실리게 된 곡이다. 바로 '케어리스 위스퍼'였다.

머슬숄즈 스튜디오에서 한 차례 녹음을 포기한 이후 조지는 1984년 런던 삼(SARM) 스튜디오와 엔지니어 한 명을 혼자서 섭외했다. 벌써 3년을 우리와 함께한 곡이므로 우리 둘 다 그 곡을 어떻게 녹음해야 하는지 충분히 이해하고 있었다. 스튜디오도 확보하고 어떤 간섭으로부터도 자유로워진 조지는 마침내 원하던 사운드를 구현하는 작업에 들어갔다. 조지가 삼 스튜디오에서 가지고 나온 마스터테이프에는 처음의 반짝이던

• jitterbug: 1940년대 유행하던, 빠른 박자의 스윙이나 재즈에 맞춰 추던 춤 - 역주

매력을 그대로 간직한, 더 나아진 '케어리스 위스퍼'가 녹음되어 있었다. 훨씬 더 훌륭했다. 색소폰 연주자를 열 명이나 거친 조지는 마침내 열한 번째 연주자 스티브 그레고리에게서 원하던 소리를 찾았다. 드디어 그의 머릿속에만 오랫동안 존재하던 미묘한 울림을 가진 멜로디가 연주 실력은 물론 소울과 감수성까지 갖춘 연주자에 의해 소리가 되어 세상으로 나올 기회를 갖게 되었다.

December 1, 1984 29

US Singles

1	1	WAKE ME UP BEFORE YOU GO GO, Wham!, Columbia/CBS
2	4	OUT OF TOUCH, Daryl Hall & John Oates, RCA
3	3	I FEEL FOR YOU, Chaka Khan, Warner Brothers
4	2	PURPLE RAIN, Prince & The Revolution, Warner Brothers
5	5	BETTER BE GOOD TO ME, Tina Turner, Capitol
6	8	ALL THROUGH THE NIGHT, Cyndi Lauper, Portrait
7	12	THE WILD BOYS, Duran Duran, Capitol
8	9	PENNY LOVER, Lionel Richie, Motown
9	7	STRUT, Sheena Easton, EMI-America
10	11	NO MORE LONELY NIGHTS, Paul McCartney, Columbia/CBS
11	13	SEA OF LOVE, Honeydrippers, Es Paranza
12	6	CARIBBEAN QUEEN (NO MORE LOVE ON THE RUN), Billy Ocean, Jive

1984년 12월 1일, 미국 싱글 차트

녹음된 곡은 모든 면에서 완벽했다. 팝 역사에 흔치 않은 고전이 되었고 글로리아 게이너, 얼터너티브 메탈 밴드 시더 등 다양한 장르의 수많은 아티스트들이 이 곡을 커버했다. 조지가 자신의 첫 걸작을 녹음했을 때 누구보다 기뻐한 것은 나였다. '케어리스 위스퍼'는 우리가 함께 쓴 곡이었다.

조지의 사망 직후 조지가 '케어리스 위스퍼'의 공동 작사 및 작곡가로 내 이름을 넣어 준 것은 단순한 호의였다는 말들이 나왔고 거기에는 내가 조지 마이클의 작곡에 도움을 줄 수 있었을 *리가 없다*는 함의가 포함되어 있었다. 그것은 왬!이라는 팀의 탄생 과정과 우리 두 사람의 관계에 대해 모르고 하는 말이다. 음악적 재능에서 조지가 나와는 비교할 수 없었다는 점은 굳이 거론할 필요도 없고, 그는 다른 대부분의 사람들과도 차원이 달랐다! 하지만 왬! 결성 초기에 우리는 수없이 아이디어를 주고받았고, 그때는 우리가 주고받는 것이 아이디어라는 인식조차 없었다. 나는 본능적으로 조지를 이해하는 공명판 같은 대화 상대였고, 그의 절친한 동료였다. '케어리스 위스퍼'의 창작 과정은 우리가 함께한 경험들과 긴밀하게 연결되어 있다. 우리는 따로 떨어져 있는 상태에서 완벽하게 같은 것을 떠올린다고 해도 그다지 놀랍지 않을 정도로 너무나 가까운 사이였다. 서로의 생각을 읽지 못하는 것이 오히려 더 이상할 정도였다. '케어리스 위스퍼'를 처음 쓸 때쯤에는 우리 둘만 아는 농담, 어디서 듣거나 읽은 말, 코미디 프로그램 대사 같은 것만으로도 거의 모든 대화가 가능했다. 오죽했으면 사이먼이 우리의 관계를 부치 캐시디와 선댄스 키드•에 비유하기도 했다.

하지만 이제, 비록 둘 사이의 정은 남아 있지만, 관계의 성격은 달라지고 있었다. 나는 스스로 평범하지 않은 입장이라는 것을 깨달았다. 조지가 혼자 작곡의 임무를 떠맡기로 결정했다는 것은 결국 딱히 내세울 만한 나의 역할이 없어졌다는 의미였다. 조지가 두 번째 앨범을 준비하는 동안, 나는 한편으로 좋아하는 창작 작업에 예전처럼 참여할 수 없다는 사실이 서운했다. 왜 그래야 하는지 이해했고 좋은 마음으로 기꺼이 받아들였지만, 조지와 주거니 받거니 멜로디와 가사를 쓰고 편곡을 하던 즐겁고 화기애애하던 시절이 그리웠다. 그냥 왬!의 멤버로서 유명인의 삶을 사는 것은 매력이 없었다. 일부 언론에서 뭐라고 떠들어 대든, 비록 그런 기사들마저 점점 나를 조롱하는 빌미로 활용되고 있었지만, 나는 곡을 만들고 음악을 연주하는 것이 좋았다. 음악을 만들 기회가 모두 사라진 마당에 언론의 먹잇감이 되는 것을 피할 수 없게 되었고, 그들은 내가 밴드 내에서 하는 일이 없다고 신이 나서 조롱했다. 조지가 작곡과 녹음에 전념하는 동안 나는 언론의 관심을 끄는 역할을 맡게 된 셈이었다.

• 영화 "내일을 향해 쏴라"의 두 주인공 - 역주

그러지 않을 이유도 없었으므로 나는 더욱더 바깥으로 돌았고 파티광, 말썽꾸러기로 점점 더 이름을 떨치게 되었다. 그러는 동안 나에게는 “호색한 앤디,” “짐승 앤디” 같은 제목의 기사들이 꼬리표처럼 따라다녔다. 신문 편집자들은 나를 살짝 비뚤어진 캐릭터로 보도하고 즐거워하는 것 같았지만 사실 당시 내 행동은 비슷한 상황의 여느 평범한 스물한 살짜리들과 별로 다르지 않았다. 나는 친구들과 맥주 한두 잔 마시며 여유 시간을 즐겼다. 그리고 셜리와 헤어진 후, 특별히 여자친구를 사귀지 않고 많은 사람과 자유롭게 만났다. 사실 진지하게 여자친구를 사귈만한 시간도 없었다. 왬! 이 세계적으로 알려지면서 홍보도 하고, 사진도 찍고 해외 투어도 다녔다. 그래서 그 시기 내 인생에는 짧지만 재미있는 만남들이 많았다. 하지만 그런 만남에 일일이 따라붙은 수많은 기사들은 보통 사실과는 거리가 멀었다. 우습기까지 했다.

‘웨이크 미 업 비포 유 고고’와 ‘케어리스 위스퍼’의 녹음이 끝난 후, 나머지 곡들을 핑크 플로이드가 〈더 월〉 앨범의 마무리 작업을 했던 남프랑스의 스튜디오에서 녹음하기로 정해졌다. 미라발 스튜디오는 넓은 포도밭 안에 위치해 있어서 런던의 스튜디오와는 달리 언론의 스포트라이트에 시달릴 염려 없이 조용하고 평화롭게 작업할 수 있었다.

프랑스에서 조지와 합류한 바로 그 순간부터 나는 조지가 2집 앨범에 대해 낙관하고 있다는 인상을 받았다. 그는 좋은 곳에서 스튜디오 환경에 충분히 몰입해 있었고 완전히 자기 뜻대로 곡을 만들 수 있어서 행복해했다.

조지의 작곡가로서의 재능이 만개하고 있었다. 그것도 매우 빠르게 피어나고 있었다. '왬랩!' 다음에 '영 건즈'가 나왔을 때는 그 정도도 극적인 발전이라고 생각했지만, 〈메이크 잇 빅〉에 들어갈 곡들을 쓸 때쯤엔 초기 히트곡들이 벌써 구닥다리처럼 느껴지기 시작했다. 하지만 '클럽 트로피카나'의 경우는 적절한 시기에 틀을 깬 곡이었고, 그 곡 덕분에 우리가 창작의 자유를 누리며 다음 앨범에 근접해 갈 수 있었다. 초기 싱글 앨범들이 우리의 가능성을 넓혀 주었다면, 이제는, 적어도 조지에게만큼은, 모든 한계가 아예 사라진 것 같았다.

그를 가장 들뜨게 만든 것은 〈메이크 잇 빅〉을 만들면서 솔로 활동에 도움이 될 만한 테마들을 탐색해 볼 수 있다는 점이었다. 새 곡들은 귀에 바로 꽂히는 발랄한 매력이 돋보였지만, 가사는 점점 세련되고 성숙해져 갔다. '에브리싱 쉬 원츠'의 가사는 왬! 초창기에는 상상도 못했을 만큼 심각하고 깊이가 있었다. 젊은 커플이 결혼해서 겪는 만만치 않은 현실을 냉소적으로 다룬 이 곡은 위트와 통찰이 두드러진다. 강한 베이스 라인을 배경으로 "내가 최선을 다한 건데도 (너한테) 부족하다면/ 어떻게 (아기와 너) 두 사람한테 충분하겠어?", "넌 이제 나에게 아기를 가졌다고 말하지, 원한다면 행복하다고 말해줄게"라며 핵심을 찌르는 가사는 조지가 이제 〈판타스틱〉 앨범에 열광했던 어린 팬들보다 더 나이 들고, 더 현명하고, 인생의 쓴맛을 아는 청중들을 위해 곡을 쓰고 있다는 것을 분명히 보여주었다.

조지는 새로운 트랙의 녹음을 완성할 때마다, 최적의 조건에서 완성된 곡을 재생해 들어보았다. 특히 '프리덤'을 만들었을 때는 몹시 흥분해서 사전 믹스 작업해 놓은 곡을 서둘러 들려주고 싶어 했다. 이제 내가 창작에 관여하는 부분은 기타와 백보컬 정도였지만 조지는 여전히 나의 의견을 통해 자신의 생각이 맞았다는 것을 확인하고 싶어 했고 나는 조금이라도 기여할 수 있다는 사실에 행복해하며 필요할 때마다 기꺼이 힘을 보탰다. 조지가 게이라는 사실을 염두에 두고서 가사의 의미를 새겼던 곡은 아마도 '프리덤'이 처음이었을 것이다. 〈판타스틱〉 앨범을 녹음할 때는 아직 그가 셜리와 내게 게이라는 사실을 고백하기 전이었고, 그래서 나는 노래를 들으면서도 그가 학창 시절이나 십대 시절 말미에 사귄 여자친구에 대해 쓴 가사일 거라고 생각했었다. 하지만 프리덤의 후렴 가사인 "내가 지금 당장 원하는 건 너 뿐이야"라거나 "스스로를 풀어줄 열쇠를 쥔 포로", "다른 사람과 함께 있는 연인" 같은 가사를 들으면서는 잠시 생각을 해보지 않을 수 없었다.

'이건 대체 어떤 경우를 말하는 거지?'라고 나는 생각했다.

누구를 생각하며 쓴 가사인지 조지는 끝까지 수수께끼로 남겨두었다. 확실한 점은 곡이 훌륭하다는 것뿐이었다.

작곡 과정에서 한편으로 밀려난 답답함을 견디게 해준 것은 이제 곧 다시 투어에 나서 전 세계 수십만 관객을 위해 무대에 설 것이라는 기대였다. 나는 개인적인 감정은 접어두고 나에게 남겨진 역할을 받아들이면서 역할 분담이라는 현실에 적응해 갔다. 〈메이크 잇 빅〉 앨범과 함께 우리는 높이 날아오를 준비를 했다. 나에 대한 언론의 보도 수위가 점점 더 높아지고 있었으므로 나로서는 하루라도 빨리 분위기의 전환이 필요했다.

그 무렵 정말 기억에 남을 만한 "특종" 기사가 하나 있었는데 두 명의 성인 잡지 여성 모델이 종이로 만든 내 등신대 양쪽에 서서 찍은 사진과 함께 실린 기사에는 헛소리와 비방이 가득했다. 내가 양다리를 걸쳤다는 모양이었다. 이어진 기사에서는 나를 "정력남" 혹은 "타락한 로미오"라고 칭하고 있었다. 또 내가 두 여성 모델 중 한 명의 차를 타고 귀가했는데, 내가 그녀의 무릎을 쓰다듬고 목에 키스를 하는 동안 그녀가 어루만진 것은… "자기 차의 기어 스틱"이었다고 한다. 질리 쿠퍼•라도 낯뜨거워할 만한 기사였다. 한마디도 빠짐없이 다 거짓이었다. 나는 그 여성들을 만난 적도 없었지만, 그냥 그러려니 하기로 했다. 나는 이 업계가 어떻게 돌아가는지 알고 있었다. 우리의 얼굴이 신문 판매 부수를 올려주면, 신문사들은 음반과 티켓 판매를 도와주는 식이었다.

그렇다고 조지가 언론의 관심에서 벗어나 있는 동안 밴드에 대한 대중적 관심을 유지하는 내 역할이 마냥 편하지만은 않았고, 늘 가벼운 해프닝으로 끝난 것도 아니다.

아홉 살 때, 나는 어머니가 교사 연수를 받던 월홀 칼리지의 수영장에서 물 밑에서 왔다갔다 헤엄치다가 수영장 벽에 부딪쳤다. 깜짝 놀라 물 밖으로 기어 나왔지만 코가 부러져 피가 철철 흘렀다. 부딪쳐서 손상된 공기 통로를 확장하는 수술은 성공했지만 완전히 복구된 것은 아니었다.

"스물한 살이 되면 비중격 교정이 가능할 거야. 그러면 숨쉬기가 훨씬 나아질 거다"라고 의사가 말했다. 스물한 살에 내가 많은 팬을 거느린 왬!이 될 거라고 그때는 아무도 예상하지 못했었다. 나는 수술 후 여유롭게 쉬면서 회복하려고 <메이크 잇 빅> 녹음 전으로 수술 일정을 잡았다. 내 수술이 미용 성

• 영국의 로맨스 소설 작가 - 역주

형수술이라고 언론에서 떠들기라도 하는 날엔 끝장이었다. 사이먼은 나름 내 코에 붙인 붕대를 설명할 묘안이 떠올랐다고 생각하고 실행에 옮겼다.

내가 회복을 위해 병원에 누워있는 동안 사이먼과 재즈는 언론에 내가 춤추러 갔다가 불행한 사고를 당했다고 흘렸다.

내가 파티에 갔는데, 거기에는 마침 데이비드 모티머, 아니 이름을 바꿔서 데이비드 오스틴이 된 예전 친구가 너무 흥이 오른 나머지 얼음 통을 머리 위로 빙빙 돌리면서 춤을 추고 있었다.

퍽!

나는 그것도 모르고 그의 동작 반경 안으로 걸어 들어갔고, 코에 얼음 통을 정통으로 맞은 나는 바로 수술을 해야 했다.

불쌍한 앤드류!

신문기사는 사이먼이 즐겨 사용하는 문구들로 도배되어 있었다. 술기운에 벌인 객기, 과장된 몸짓이 야기한 우스꽝스러운 상황, 약간의 연민 등이다. 하지만 아무도 데이비드가 희생양이 되리라고는 예상치 못했다. 내가 가족, 친구, 팬들이 보낸 카드와 꽃과 선물들에 둘러싸여 집에서 요양하는 동안 데이비드는 날벼락을 맞았다. 그는 내게 심각한 신체적 상해를 입혔다며 비난하는 분노의 전화와 욕설이 담긴 편지들에 시달렸다.

Tuesday, July 3, 1984 16p TODAY'S TV: PAGE 12

Andrew . . . plastic surgery

Wham star scarred in brawl at pop party

By NIGEL FREEDMAN and MAURICE CHITTENDEN

HEART-THROB Wham! pop star Andy Ridgeley has had his face scarred for life . . . by his best pal.

Top pop pin-up Andy, 21, was rushed to hospital with blood pouring from his wounds after a champagne party funfight over a pretty girl.

Last night he was recovering after a plastic surgeon put 20 stitches in a massive cut from nose to ear.

Andrew's pal, singer David Austin, said last night: "I feel terrible about this. We are best mates and this only happened because we were both blind-drunk at a pop party.

"He started flirting with my girlfriend, so I poured champagne down his shirt.

Resting

"Andy threw his drink all over me, so I started swinging the ice bucket about. It just slipped out of my hand and hit him in the face."

Andy and his Wham! partner George Michael are No. 2 in the charts with their single Wake Me Up Before You Go-Go.

Yesterday Andrew was resting at his Hertfordshire home with his broken nose in plaster.

He said: "It was just a prank which got out of hand. I forgive Dave and we're still the best of friends.'

...., and
so it continued
all
that week!

신문기사

언론이 흘린 피 냄새에 격분한 왬! 팬들은 복수를 다짐하며 그의 집으로 달려갔다. 이야기가 퍼지고 24시간도 채 되기 전에 데이비드의 어머니가 내게 전화를 걸어 노발대발하셨다.

"앤드류, 창피한 줄 알아야지. 어떻게 그런 짓을 할 수 있니! 데이비드가 어떻게 될지 생각도 안 해 봤어?"

물론 그런 생각은 미처 못했다. 살면서 그렇게 야단맞아 보기는 처음이었다. 세상에 친구 엄마한테 혼나는 것만큼 무서운 일이 또 있을까. 아들 눈에서 눈물이 났으니, 내 눈에서 피눈물이 날 차례였다. 결국 나는 사실대로 털어놓아야 했다. 교정수술을 받았을 뿐이고 데이비드는 아무 관련이 없다고. 데이비드 네 집 앞마당에서 진을 치던 군중들의 분노는 곧바로 가라앉았다.

이 경우는 스스로 불러들인 재앙이었지만, 이미 나빠진 언론과의 관계를 개선하는 데 아무 도움이 되지 않았다.

'웨이크 미 업 비포 유 고고'는 5월에 발표되자마자 차트 4위로 시작해 1주일 후 정상을 차지했다.

첫 번째 1위곡이었다.

어릴 때 그렇게 열심히 듣던 라디오 프로그램에 우리 노래가 나오고 그 결과 아무나 올라갈 수 없는 1위 자리까지 오르게 되었다는 생각에 조지와 나는 전율을 느꼈다. 우리는 에지

웨어에 있는 조지의 아버지 가게에서 축하 파티를 열었다. 조지의 아버지도 이제는 우리가 축하받을 만하다는 걸 알아주었다. 라디오만 켜면 나오고, 클럽에서도 사랑받는 곡이 된 '웨이크 미 업 비포 유 고고' 덕분에 클럽 판타스틱 투어에서 우리를 향해 달려오던 소녀 팬들 너머의 더 넓은 팬층을 확보하게 되면서 우리는 조지의 드높은 야망에 조금 더 다가갈 수 있었다. 조지는 모든 사람에게 자신이 정말로 엄청난 히트곡을 만들 수 있다는 것을 증명해 보였다.

'웨이크 미 업 비포 유 고고'의 성공에는 사우스런던 브릭스턴 아카데미에서 환호하는 팬 수천 명을 모아놓고 찍은 신나는 뮤직비디오도 큰 역할을 했다. 일부 연주 장면은 클럽 판타스틱 투어 중 입었던 밝은 색의 상의와 짧은 반바지 차림으로 무대를 뛰어다니며 찍었지만, 뮤직비디오에서 많은 사람들이 기억하는 부분은 이전과 달라진 의상이었다. 완전히 하얀 세트를 배경으로 우리는 앞면에 "삶을 택하라(CHOOSE LIFE)"고 굵고 선명하게 적은 흰색 티셔츠를 입고 등장했다. 냉전 시대의 긴장감이 한창 고조되고 핵전쟁이 몰고 올 재앙이 무서운 현실로 여겨지던 시대에 패션디자이너 캐서린 햄넷이 창조한 이 슬로건은 세상의 병폐에 대항하는 모든 목소리를 대변하는 외침이었다. 불교에서 영감을 얻은 이 디자인을 처음 발견하고 알려 준 조지의 친구는 디자인이 시각적 이미지로서 큰 효과를 발휘할 것이라고 생각했다. 뮤직비디오의 의상으로 선택하면서 정치적 구호를 담아야겠다는 의도를 가졌던 것은 아니지만, 삶을 충실히 살아 내라는 거부할 수 없는 메시지가 영상과 완벽하게 어울렸다. 우리의 의상은 80년대를 대표하는 이미지가 되었다. '웨이크 미 업 비포 유 고고'는 여름의 사운드트랙같은 곡이 되었고, 듣고 있으면 마치 파도타기라도 하는 것 같았다.

아마도 곡의 엄청난 성공과 자신의 생각이 정말 많은 사람에게 어필할 수 있다는 자신감 때문이겠지만, 이제 대담해진 조지는 다음 곡을 지명했다.

'케어리스 위스퍼'의 대단한 잠재력을 잘 알고 있던 우리는 이 곡을 발매할 최적의 순간, 곡이 가장 빛나도록 기회가 되어줄 순간을 기다리기로 이미 사전에 결정했었다. '웨이크 미 업 비포 유 고고'가 미국과 영국 차트 1위를 차지하면서 기다리던 그 순간이 마침내 도래했다.

우리 둘 다 '케어리스 위스퍼'가 그때까지 만든 빠른 템포 일색의 곡들로부터 전환점이 되리라는 것을 알았고, 이미 클럽 판타스틱 투어 이전부터 이 곡의 발매 시기를 신중하게 정해야 한다는 합의가 있었다. 웸!에게 차분한 발라드는 극단적인 변화로 보일 수 있었다. 성인 취향의 주제는 과거의 곡들과 많이 달랐지만 그때까지 나온 곡 중 최고임에는 의심의 여지가 없었다. '웨이크 미 업 비포 유 고고'나 '클럽 트로피카나' 같은 곡들과 나란히 놓고 보면 차이가 확연했다. 우리에게는 하나의 실험이었다. 우리는 영국과 미국에서 같은 날 이 곡을 발매하고 싶었다. 지구를 정복하는 최고의 밴드가 되려면 미국을 정복해야 했다.

영국에서는 '케어리스 위스퍼'를 조지의 솔로곡으로 발표하기로 이미 결정했지만 미국에서는 조지 마이클이 참여한 왬!의 곡으로 발표할 예정이었다. 왬!이 영국에서는 대단한 인기를 누리고 있는 반면 미국에서는 그 정도 반열에 오르지 못했기 때문이다. 조지가 솔로로서 승승장구하기 위한 토대로서 왬!이 제 역할을 하려면 일단 양국 모두에서 밴드의 이름으로 크게 성공해야 했다.

'케어리스 위스퍼'를 함께 만들었음에도 불구하고 나는 조지가 이 곡을 솔로곡으로 발표하는 데 불만이 없었다. 원곡도 좋았지만, 조지의 스튜디오 작업을 거쳐 한 차원 업그레이드되었기 때문이다. 이제 이 곡을 계기로 조지가 왬!의 테두리 밖에서도 대단한 뮤지션임을 모든 사람이 알아보게 될 거라고 우리 둘 다 확신했다.

처음부터 밴드 활동 시한을 정해놓지 않았다면, '케어리스 위스퍼'는 듀란듀란의 '세이브 어 프레어', 스팬도 발레의 '트루'처럼 밴드의 성장 잠재력을 입증하는 또 다른 곡이 되었을 것이다. 하지만 나는 온전히 자신의 실력만으로 성공한 아티스트가 되고자 하는 조지의 야심을 이해했다. 그는 어느 시점이 되면 혼자 힘으로 해내야만 하는 사람이었다. 그때가 올 때까지 나는 웸!이 가지고 있는 잠재력을 최대한 끌어올린다는 공동의 목표를 향해 꿋꿋하게 나아감으로써, 조지에게 필요한 발판을 제공하기 위해 내가 할 수 있는 모든 것을 다하고 싶었다.

나는 조지에게 '케어리스 위스퍼'를 솔로 싱글로 발표한다는 계획을 전적으로 지지한다고 말했다.

18. 라스트 크리스마스

〈메이크 잇 빅〉은 발매되자마자 곧바로 앨범 차트 1위에 올랐다. 영국에서뿐만 아니라 호주, 네덜란드, 이탈리아, 일본, 뉴질랜드에서도 1위를 차지했고 마침내 미국에서도 정상에 올랐다. 우리 스스로 정한 높은 기준에 비추어도 엄청난 성공이 틀림없었다. 〈메이크 잇 빅〉은 여세를 몰아 전 세계적으로 1천만 장이라는 판매고를 올렸다. 10월 앨범이 발매될 무렵에는 웨이크 미 업 비포 유 고고'에 이어 '케어리스 위스퍼'도 영국과 미국 싱글 차트를 석권했다. 모두 〈메이크 잇 빅〉에 수록된 곡이다. 세계 각국의 차트에서 좋은 성적을 거두면서 평론가들의 호평도 뒤따랐다. 높이 평가받을 자격이 이미 충분했지만 실제로 누리는 데 시간이 걸린 것뿐이었다.

하지만 '케어리스 위스퍼'가 발표된 이후 사람들은 웸!의 해체가 임박한 것이 아닌지 드러내 놓고 궁금해 했다. 다들 첫 솔로 싱글 발매가 왬!에서 나와 솔로로 활동하고 싶어 하는 조지의 의중을 드러내는 것이라고 추측했다. 솔로 활동이 장기적인 목표임은 틀림없었지만, 우선 세계 최고의 밴드가 되는 것이 먼저라는 우리의 목표가 얼마나 진지한 것인지 사람들은 이해하지 못했다.

U.K. ALBUMS

THIS WEEK	LAST WEEK	WEEKS IN CHART	HIGHEST POSITION	
1	1	4	1	**MAKE IT BIG** Wham (CBS)
2	2	4	2	**ALF** Alison Moyet (CBS)
3	14	2	3	**THE HITS ALBUM** Various (WEA/CBS)
4	4	4	4	**THE COLLECTION** Ultravox (Chrysalis)
5	7	20	1	**DIAMOND LIFE** Sade (CBS)
6	3	5	1	**WELCOME TO THE PLEASURE DOME** Frankie Goes To Hollywood (ZTT)
7	5	14	2	**ELIMINATOR** ZZ Top (Warner Bros)
8	6	3	6	**ARENA** Duran Duran (EMI)
9	—	1	9	**NOW THAT'S WHAT I CALL MUSIC IV** Various (EMI-Virgin)
10	35	2	10	**12 GOLD BARS VOLS I & II** Status Quo (Vertigo)

12월 8일자 영국 앨범차트 (왼쪽 숫자는 차례로 이번주, 지난주, 차트에 머문 기간, 가장 높이 올라간 순위를 가리킨다)

우리는 차트 1위만큼이나 대규모 공연에서도 인기를 입증하고 싶었다. 우리는 월드 투어를 계획했고, 궁극적 목표는 미국 정복이었다. 우리는 미국에서도 영국에서만큼 성공하고 싶었고 그런 목표를 달성하기 전에 왬!을 해체하는 것은 우리 기준으로는 실패였다. 왬!이 어떤 식으로든 실패라는 단어와 연관되어 이름을 더럽히는 것을 조지가 용납할 리 없었다. 솔로 활동을 하려면 우선 왬!이 듀란듀란, 프린스, U2 등과 어깨를 나란히 할 정도로 성공해야 했다.

물론 소문이 완전히 터무니없는 것은 아니었다. <메이크 잇 빅>의 성공이 확실해지자 조지는 솔로 활동에 점점 더 관심을 드러냈고, TV와 라디오에도 솔로 가수로서 출연하는 일이 점점 늘어났다. 나 또한 이제 목표 달성이 멀지 않았다는 것을 알고 있었다. 우리는 젊음과 발랄함을 내세운 팀이었다. 우리가 언제까지나 젊을 수 없고, 또 나는 늘 왬!이 서서히 잊히는 것보다 정상에 있을 때 활동을 끝내는 편이 더 좋다고 생각했다. 반갑지 않을 때까지 머무는 손님을 누가 좋아하겠는가.

사이먼과 재즈도 밴드를 해체한다는 조지의 계획을 인지하고는 있었지만, 조지가 정말 계획을 실행할 거라고 믿었는지는 확실치 않다. 몇 차례의 인터뷰에서 조지는 세 번째 앨범을 함께 녹음할 가능성에 대해서 언급했다. 사업 수완이 좋은 사람들이니 돈벌이 기회를 놓칠 리가 없었다. 그들은 <메이크 잇 빅> 홍보를 위해 쇼케이스 아레나 투어 일정을 잡았지만, 영국, 동아시아, 호주, 미국에서의 일정이 발표되었음에도 가십 칼럼니스트들은 끈질기게 왬!의 종말을 점쳤다. 하지만 조지에게는 그들을 따돌릴 나름의 숨겨둔 계획이 있었다.

왬!은 크리스마스 시즌 1위를 노릴 만한 대단한 곡을 녹음해 둔 상태였다.

'라스트 크리스마스'는 1984년 어느 오후 조지의 부모님 집에서 탄생했다. TV로 축구를 보던 조지에게 갑자기 악상이 떠올랐다. 그는 재빨리 2층으로 올라가 건반으로 주악절과 후렴의 밑그림을 짰다. 조지가 만든 귀에 쏙 들어오는 멜로디에 신시사이저의 종소리와 '라스트 크리스마스' 하면 빼놓을 수 없는 썰매 방울 소리가 들어가자 오래 사랑받을 명곡의 자질이 보이기 시작했다. 나는 데모만 한 번 듣고도 '라스트 크리스마스'가 대단한 히트곡이 될 거라고 예감했다. 조지는 '*메이크 잇 빅*'의 녹음을 마친 직후 런던의 애드비전 스튜디오에서 종소리와 휘파람 소리를 넣었고, 12월 발매 일정이 잡힌 뒤 우리는 기대에 부풀어 발매일만 기다렸다. 슬레이드, 존 레논 등이 증명하듯 강력한 크리스마스 싱글은 세월이 흘러도 영원히 사랑받는다. 싱글 발매와 함께 조지의 크리스마스 이브 파티 역시 기대할 만했다. 조지는 크리스마스를 좋아했고 그 전해에 주최한 파티는 이후 몇 년 동안 연례 행사가 되었다. 진탕 술을 마신 후, 25명의 손님들이 다 같이 캐롤을 부르러 다녔다. 기부금 모금 상자를 들고 집집마다 돌아다니면서 찬송가를 부르는 것이 아니라 특대형 섹스 인형과 함께였지만. 모두가 즐거워하지는 않았다.

크리스마스는 우리의 바닥을 보여주는 것 같았다. '라스트 크리스마스'의 뮤직비디오를 찍을 때도 정말 대단했다. 뮤직비디오 촬영팀은 그해 11월 스위스의 사스페 산악 리조트를 촬영장소로 섭외했다. 1980년대에 스키장에서 즐기는 휴가는 사회적 성공을 의미했고, 스키장에 인접한 아늑한 오두막, 활활 타오르는 벽난로 등 모든 것이 '클럽 트로피카나'에서 보여준

이런 퍼포먼스가 공연에 무슨 도움이 되었는지는 잘 모르겠다!

뜨거운 태양과 한여름 쾌락의 완벽한 겨울 버전 같았다. '클럽 트로피카나' 때는 조지와 내가 이비사에서 며칠간 신나게 즐기면서 뮤직비디오를 찍었었다. 이번에는 분위기를 띄워 줄 친구들을 여럿 대동했는데, 다들 눈 쌓인 산장에서 빈둥거리며 스위스 와인을 잔뜩 마셨고 최소 한번은 사람들 많은 데서 맨몸으로 활보하기도 했다.

뮤직비디오는 호화로운 크리스마스 홈 파티를 배경으로 잃어버린 사랑과 새로운 로맨스의 시작이라는 씁쓸하고 달콤한 이야기를 담을 예정이었지만, 촬영장의 현실은 하루하루 아수라장으로 변해갔다. 크리스마스를 겨냥해 히트가 확실시되는 신곡 뮤직비디오에 단역으로 출연하러 왔다는 목적의식은 신나는 공짜 휴가 앞에 온데간데없이 사라졌다. 펑펑 써도 되는 돈이 있었고 친구들은 모처럼의 기회를 날릴 생각이 조금도 없었다. 사실 우리도 그랬다. 조지와 내가 사스페에 하루 늦게 도착했을 때 모두 이미 거나하게 취해있었다. 다 같이 모인 첫날 저녁에는 몇 명이 나체로 수영장에 뛰어들고, 그중 한 명이 표백제로 소독한 수영장 물을 한 바가지 들이켠 다음 수영장 필터에 거하게 토하는 바람에 모임은 일찌감치 흩어졌다.

같이 간 사람들은 조지의 친구 패트 페르난데스, 펩시, 셜리를 비롯해 오래 봐온 친구들이었고 내 친구 데이브도 있었다.

알몸수영의 참사로 과열된 분위기는 첫 촬영 날까지 이어졌다. 스키 오두막 세트장 테이블 위에 크리스마스 만찬 음식이 차려졌다. 칠면조 구이를 비롯한 크리스마스 요리에 촛불과 장식용 꼬마전구도 밝혔다. 하지만 조감독이 언짢은 표정으로 세트장에 들어왔다.

그는 "어떤 멍청이가 *저렇게 하고* 촬영을 한대?"라며 눈치 없이 가득 채워진 와인잔을 가리켰다. 우리의 '라스트 크리스마스' 파티에 어울리는 세련된 그림이라고 보기는 어려웠다.

"걱정 마세요, 감독님." 데이브는 출연자들과 제작진 곁을 지나며 말했다. "*내가 다 해결할게요.*" 데이브는 느긋하면서도 주도면밀하게 테이블을 돌면서 열여섯 개의 잔에 담긴 와인의 높이를 (마셔서) 맞췄고 그 과정에서 적어도 와인을 두 병 가량 들이켰다. 살신성인의 임무를 완성했을 무렵 그는 똑바로 서있기도 힘든 상태가 되었다. 촬영이 종료될 무렵에는 다들 비슷한 상태가 되었다. 와인은 아무리 마셔도 상관이 없었지만 눈앞의 음식에는 손도 대지 못하게 되어 있었다. 촬영이 계속될수록 우리는 빈속에 술을 들이부었고 점점 더 고주망태가 되어갔다. 결국 웃다가 울기를 반복하던 나는 눈이 붓고 충혈되었고, 가차없는 감독은 나를 마지막 만찬 장면에서 제외시켜야 했다. 나는 그야말로 민폐 덩어리였다.

다음날 아침에는 야외 촬영이 있었지만 다들 정신을 못 차리기는 마찬가지였다. 대본대로라면 우리는 눈싸움을 해야 했다. 숙취도 아랑곳하지 않는 무모함으로 우리는 눈싸움에 진심으로 달려들었고 결국 최종 컷의 대미를 장식하게 될 장면에서 나는 울타리 너머로 넘어지면서 바닥에 세게 부딪쳤다. 그때는 정말 어디가 부러진 줄 알았다. 하지만 목에 기브스라도 하면 모를까 조지는 내가 넘어진 걸 알아채지도 못했다. 촬영 중간중간 쉬는 시간이면 조지는 감독에게 바싹 붙어서 그 난리 법석을 머리카락 한 올까지 꼼꼼하게 모니터했고 본인이 꾀죄죄하거나 투실투실하게 나왔다 싶은 장면들은 죄다 삭제했다. 머리카락이 조금이라도 흐트러져 있는 촬영분들도 모두 편집했다. 한번은 자신의 모습에 너무 집착한 나머지, 극 중 여자친구와 눈 위에서 구르는 장면을 촬영해 놓고는 상황에 맞게 자연스럽게 웃고 농담하는 표정이 아니라 심각하게 생각에 잠긴 듯한 얼굴을 찾아서 써야 한다며 필름을 거꾸로 돌려보자고 우겼다. 결국 뮤직비디오에는 고환에 눈덩이라도 얻어맞은 것 같은 표정으로 나왔다.

그날 저녁은 취해서 호텔 발코니를 장애물 달리기하듯 뛰어다니는 것으로 마무리되었다. 눈 장화만 신고 아무것도 안 입은 채 우리는 발코니에 설치된 객실 칸막이를 넘어 달리기를 했다. 엄청나게 추운 날씨였음을 감안하면 그렇게 인상적인 모습은 아니었다. 가쁜 숨을 몰아쉬며 결승점에 도착해 주위를 돌아보자 감독 부부가 훔쳐보는 눈이 있으리라고는 당연히 생각도 못하고 자기들끼리 즐거운 시간을 보내고 있었다. 감독의 아내는 유리창에 엉덩이를 기대고 돌아보며 손을 흔드는 우리 모습에 꺅 소리를 질렀다. 촬영하는 동안 우리의 행동만으로도 진저리를 쳤을 감독의 머릿속에 그 순간 과연 어떤 생각이 떠올랐을까….

19. 밴드 에이드

사스페에서 돌아온 직후 팝 역사상 최고의 싱글 중 하나로 남을 곡을 만드는데 함께해 달라는 초대장을 받았다. 팩스로 도착한 초대장에는 11월 25일 노팅힐에 있는 삼웨스트 스튜디오로 와서 크리스마스 싱글 앨범을 만드는 데 힘을 보태달라고 적혀 있었다. 삼 스튜디오가 '프랭키 고즈 투 할리우드'의 프로듀서인 트레버 혼의 소유라는 것 정도는 알고 있었지만, 팩스에는 그 밖의 자세한 상황 설명이 전혀 없었다.

다가올 투어 리허설 때문에 이미 내 코가 석 자인 상황이었다. 매니지먼트를 통해 우리에게 접근해 오는 수많은 사람 중 하나려니 생각한 나는 팩스를 대수롭지 않게 여기고 무시했다. 음반 회사 이름도, 연락처도 없고, 어떻게 오라는 말도 없었기 때문에 당연히 정식 의뢰가 아닐 거라고 생각했다. 나중에야 나는 자세한 정보를 주지 않은 진짜 이유를 알았다. 영국 팝 역사상 가장 기념할 만한 곡을 그 효과가 가장 극대화될 수 있는 순간에 발표하려는 의도가 숨어 있었던 것이다. 그렇게 나는 밴드 에이드에 참여할 기회를 놓쳤다.

조지가 웨스트 런던에서 영국 록과 팝 음악계 최고의 인재들과 신곡(Do They Know It's Christmas?)'을 녹음하는 동안 나는 느지막이 일어나 조간신문과 베이컨 앤드 에그 샌드위치를 곁들인 느긋한 일요일 아침을 즐겼다. 나중에 리허설 때문에 조지와 몇 번 만난 후에야 나는 내가 얼마나 엄청난 기회를 놓쳤는지 깨달았다.

붐타운 랫츠의 리더격인 봅 겔도프와 울트라복스의 밋지 유어가 나서서 사람들을 모아 결성한 밴드 에이드에는 U2, 헤븐 17, 쿨 앤드 더 갱, 스팬도 발레, 컬처클럽, 바나나라마, 스테이터스 쿼의 멤버들과 필 콜린즈, 폴 영, 스팅 등도 참여했다. 조지도 그들과 함께 노래할 수 있어서 당연히 행복했어야 하지만, 녹음 이후 언짢은 일을 겪고 말았다. 조지가 과거에 탄광 노조 위원장 아서 스카길을 "얼간이"라고 불렀던 것을 못마땅해하던 폴 웰러가 조지의 면전에서 싫은 소리를 했던 것이다. 폴 웰러가 자기도 모르게 조지의 아픈 곳을 찔렀다.

수개월 전 로열 페스티벌 홀에서 열린 탄광 노조 파업 노동자들을 위한 기금 모금 자선 공연에 왬!이 참여하는 문제로 논란이 일었었다. '클럽 트로피카나'가 발표되고 나서 언론은 '왬랩'과 '영 건즈'에 드러난 사회의식을 들먹이며 왬!을 배신자 취급했다. 온통 흰색 의상으로 차려입고 자선공연에 출연하기로 했지만, 정치적으로 깨어있는 밴드라는 인식을 심어주지는 못했다. 게다가 공연 주최 측과도 마찰이 있었다. 조지가 라이브보다 립싱크를 고집했기 때문이다. 조지는 음향이 완벽하게 제어되지 않는 무대를 좋아하지 않는 데다가 우리의 참여에 대한 조롱 섞인 반응까지 접하자 음향 엔지니어 중 누군가가 우리 연주를 망치려고 할지 모른다고 불안해했다. 우리는 왬!에 대한 음악계 속물들의 반감을 의식하고 있었고 조지는 기회만 있으면 흠집을 내려고 노리는 사람들이 있다고 믿었다. 조지는 왬!을 깎아내리려는 사람들에게 더 이상 치사한 공격의 기회를 줄 생각이 없었다.

"하지만 우리 실력이면 충분히 훌륭해." 나는 조지를 설득해 보았다. "지금까지 늘 라이브를 해 왔잖아. 이번에도 괜찮을 거야."

조지는 고개를 저었다. "아냐, 반주 테이프를 사용할 거야. 그래야 아무도 방해를 못하지."

나는 립싱크가 오히려 역효과를 낼 수 있다고 설득했다. 립싱크를 한다는 사실이 새어나가면 시빗거리를 찾는 이들에게 오히려 우리를 공격할 빌미를 주는 셈이고 그러면 왬!의 음악성을 무시하는 업계 내의 시선만 더 키울 뿐이었다.

그때가 처음도 아니었다. 채널 4의 “더 튜브”에 출연할 때도 비슷한 문제로 갈등이 있었다. “*더 튜브*”는 라이브 쇼라는 자부심이 강한 방송이었지만 조지는 〈탑 오브 더 팝스〉에 출연할 때처럼 립싱크를 해야 한다고 주장해 모두와 사이가 틀어졌다. 음향을 완전히 제어해야만 하는 조지는 어떤 말로도 설득이 불가능했지만 결국 그런 고집 때문에 끔찍한 역풍을 맞았다. 예정된 두 곡 중 첫 곡을 연주한 뒤 조지가 두 번째 곡을 소개하고 있는데 음향 엔지니어가 두 번째 트랙을 내보내 버린 것이다. 조지는 불같이 화를 냈다. 우리의 생방송 무대를 악의적으로 망쳐서 망신을 주려 했다는 것이다.

‘글쎄, 네 녀석의 자업자득이잖아.’라고 나는 생각했다. 조지가 망신을 자초한 거였다.

그런 여러 가지 일을 겪은 조지가 역시 *자선* 목적의 ‘두 데이 노 잇츠 크리스마스’ 녹음 현장에서 폴 웰러에게 한소리를 들었으니 주변이 모두 자신에게 적대적이라는 느낌만 더 커지고 말았다. 조지는 폴 웰러의 말 자체도 부적절하다고 생각했지만, 같은 아티스트로서 어려운 입장에 놓인 동료를 대하는 그의 태도가 마음에 들지 않았다. 조지가 밴드 에이드에 참여한 이유는 밴드 에이드가 지향하는 순수하게 이타적인 목적을 지지했기 때문이다. 그런데 같은 입장의 다른 아티스트에게서 질책을 받으니 마음이 상했던 것이다.

녹음에 참석하지 않았다며 나를 비난하는 목소리는 얼마든지 듣고 넘길 수 있었지만, 그렇다고 내가 에티오피아의 상황에 무심했다는 말은 아니다. BBC의 마이클 버크 기자가 보도한 기근은 끔찍하고 믿을 수 없을 정도로 심각했으며 '라스트 크리스마스'의 발표를 앞둔 조지와 나는 이 곡의 로열티 수익을 에티오피아 사람들을 위해 기부하기로 했다. 도울 수 있다면 뭐든 하는 것이 옳다고 생각했다. 이너비전과의 계약 문제도 해결되어서 꽤 큰 도움을 줄 수 있을 것 같기도 했다.

'라스트 크리스마스'와 '두 데이 노 잇츠 크리스마스'는 같은 날 발표되었다. 그사이 우리는 차트 성적에 굉장히 민감해졌고, 조지가 처음 곡을 구상한 그날부터 '라스트 크리스마스'는 우리 마음속 1위곡이었지만, 그래도 이번만큼은 우리 곡이 1등을 못할 것이고, 그게 당연하다는 사실을 인정했다.

'두 데이 노 잇츠 크리스마스'는 마치 발사대를 떠난 로켓처럼 발매 첫 주에 1백만 장이 팔리면서 최단기간 판매 기록을 달성했고 곧바로 3백만 장이 추가되면서 그때까지 영국 팝 역사상 최고의 히트 싱글이 되었다. B 면에 '에브리싱 쉬 원츠'가 수록된 '라스트 크리스마스' 싱글 앨범은 13주 동안 2위에 머물렀다. 우리는 1위를 한 번도 못 한 곡 중 가장 많이 팔린 싱글 앨범으로 상식 퀴즈에 출제되는 영광도 누렸다.•

조지도 나도 아쉽지 않았다면 거짓말이다. 물론 우리는 밴드 에이드가 에티오피아 기근 해소를 위해 많은 돈을 모을 수 있어서 기뻤지만, 동시에 내심 실망했던 것도 사실이다. 내 경우엔 실망감을 달래기가 비교적 쉬웠다. 특히나 두 곡 모두 성공해서 수익금을 좋은 일에 썼으니까. 하지만 조지는 달랐다. 차트에서의 성공은 스스로의 가치를 확인하는 중요한 근거였고 차트 1위가 되는 것이 그에게는 정말 큰 의미가 있었기 때문이다. 우리는 곧 영원한 들러리 신세가 된 '라스트 크리스마스'의 운명에 대해 농담도 주고받을 수 있는 정도가 되었지만 웃음 뒤에 감춰진 그의 고통을 나는 알 수 있었다.

다행히 몇 달 후, 그의 재능을 증명할 또 다른 기회가 생겼다. 아이버 노벨로 상은 매년 작곡가들에게 수여되는 권위 있는 상인데, 1985년까지 왬!이 충분히 존재감을 확립했다는 점을 인정받아 세 개 부문 수상 후보에 올랐다. 우리 둘 모두에게 감격스러운 행사였다. 처음 '웨이크 미 업 비포 유 고고'가 최우수 곡

• '라스트 크리스마스'는 2021년 1월 1일 발매 36년 만에 영국 싱글 차트 1위를 차지했다

DAILY EXPRESS

Thursday March 14 1985 • 20p • TV Pages 20 and 21

THE VOICE OF BRITAIN

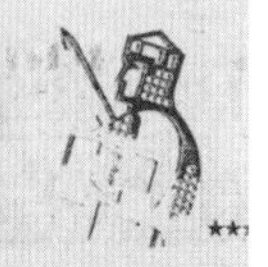

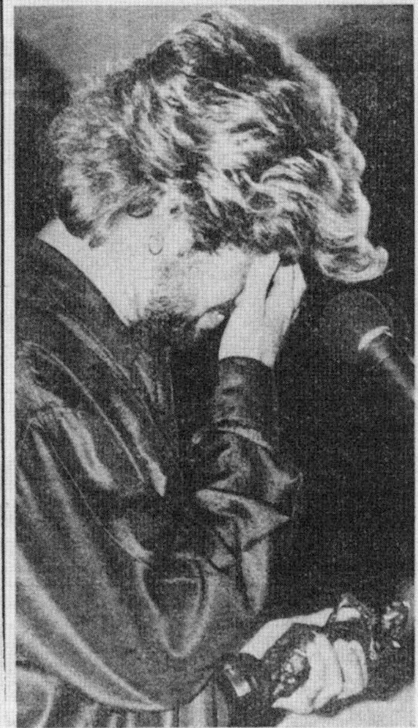

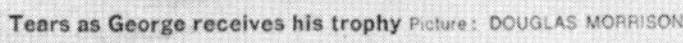

Tears as George receives his trophy Picture: DOUGLAS MORRISON

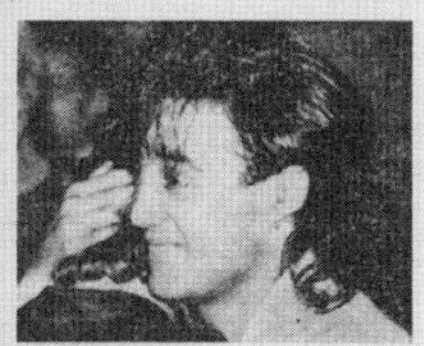

Andrew comforts his partner

Weep year for Wham!

POP STAR George Michael of Wham wept on stage yesterday when he was named Songwriter of the Year at the Ivor Novello Awards in London.

The 21-year-old heartthrob broke down after receiving the trophy from Elton John. He said: "This is the most important thing that has ever happened to me."

George and Wham partner Andrew Ridgeley also won the Most Performed Work award for their hit song Careless Whisper.

부문에서 필 콜린즈의 '노래(Against All Odds)'에 밀렸을 때는 실망만 더하는 것 아닌가 생각했다. 하지만 뒤이어 '케어리스 위스퍼'가 최다 방송곡, 즉 라디오에서 가장 많이 방송된 곡으로 선정되어 상을 받게 되었다. 곡이 광범위하게 사랑받았음을 증명하는 자랑스러운 상이었지만 더 큰 상이 남아 있었다. 조지는 올해의 작곡가상 후보에도 올라 있었다. 후보들이 호명되는 동안 나는 한 가지 결심을 했다. 조지가 수상하지 못한다면 항의의 표시로 최다 방송상을 반납하겠다고 마음먹은 것이다. 내 마음속에 조지는 어떤 후보보다 그 상을 받을 자격이 있었다.

마침내 조지가 수상자로 호명되었을 때 너무나도 감동적인 순간이 찾아왔다. 아이버 노벨로 상은 당시 음악계의 여러 상 중 조지에게는 유일하게 의미 있는 상이었던 것 같다. 비평가들이나 음반 회사 임원들이 아닌 동료 작곡가들로 이루어진 위원회가 수상자를 결정하기 때문이었다. 조지는 그들을 신뢰했고 그들의 판단이 갖는 권위를 존중했다. 자신의 우상인 엘튼 존으로부터 상을 받아 든 조지는 감정을 주체하지 못했다. 수상 소감을 말해야 하는 자리에서 참았던 눈물이 터져 나왔다. 객석에서 그런 그를 보면서 나도 따라 울었다. 그가 가장 동경하는 사람들이 그를 받아들이고 그를 동료로 인정해 주었다. 이제 온 세계가 그를 받아들일 차례였다.

20. 패션

1984년 말, 〈메이크 잇 빅〉 앨범은 영국과 전 세계 차트에서 여전히 고공행진을 계속하고 있었다. 가장 고무적인 사실은 미국에도 열렬한 팬덤이 생겼다는 점인데, 미국 *빌보드* 차트 1위에 오른 이후 〈메이크 잇 빅〉 앨범은 6백만 장이라는 믿기 어려운 판매고를 향해 달려가고 있었다. 나는 〈메이크 잇 빅〉 앨범의 성공과 더불어 새로운 투어 계획에 들떠 있었고, 특히 옹색했던 클럽 판타스틱 투어 때와는 달리 이번 투어에서는 호사를 누릴 수 있을 것 같아서 더 기대가 컸다. 비좁은 투어 버스와 열악한 호텔 방은 이제 옛말이었다. 게다가 이번 투어에는 해외 공연 일정도 있었다. 스스로의 가치를 존중하는 밴드라면 미국과 동아시아 정도는 노려야 한다고 우리는 생각했다. 하지만 이번 빅 투어의 첫 행선지는 조금 덜 이국적인 휘틀

리베이 아이스링크였고, 이곳을 시작으로 12월 한 달 동안 영국 전역을 재빨리 한 바퀴 돌아야 했다. 크리스마스 이브와 박싱 데이•에는 웸블리 아레나 공연도 잡혀 있었다. 그런 다음에야 우리는 일본을 시작으로 거대한 모험의 다음 여정에 착수할 수 있었다.

일본은 큰 무대였다. 동양과 서양, 과거와 현대가 충돌하는 일본에서 밴드들은 비틀즈처럼 격한 환영을 받았다.

도착하자마자 들려온 비명 소리로 우리가 일본에서도 영국과 다른 몇몇 지역에서만큼 인기를 누리고 있음을 실감했다. 동시대 밴드 중에 우리만큼 환영받은 것은 아마 듀란듀란 정도가 아닐까. 고개만 돌리면 누군가 왬! 관련 기념품을 우리 코앞에 들이밀었고 어딜 가나 사인을 요청받았다. 우리를 향한 격정적인 관심은 거의 종교적이라고 할만했다. 머리에 잔뜩 힘을 주고 헐렁한 타탄 무늬•• 수트를 입은 허트포드셔 출신의 젊은이 둘이 그런 어마어마한 관심의 중심에 있다는 것이 그야말로 초현실적이었다.

타탄 무늬는 필라의 짧고 타이트한 반바지에서 한 단계 발전한 무대의상이었다. 왬!은 패션에 크게 돈을 쓰지 않았다. 데

• 크리스마스 이후 돌아오는 첫 평일, 영국에서는 공휴일이다

•• 다양한 색의 가로세로 줄이 서로 엇갈리게 들어있는 스코틀랜드 전통 킬트 무늬

이비드 보위, 애덤 앤트, 컬처클럽 등 화려한 의상과 독특한 헤어스타일로 개성을 표현하던 아티스트들과 같은 시대에 활동하느라 조지와 나는 꽤나 힘들었다. 늘 돈에 쪼들려 갈리아노, 알랙산더 맥퀸, 이세이 미야케, 꼼데가르송 같은 브랜드는 꿈도 못 꾸고 리바이스 청바지나 길거리 패션에 의존했다.

하지만 더 이상 그럴 필요가 없었다.

새로운 음반 계약으로 로열티를 받을 수 있게 되었기 때문에 나는 이제 최고급 디자이너들의 옷을 취향대로 골라 입을 수 있었다. 그렇다고 분에 넘치는 사치는 부리지 않았다. 아직 큰 돈을 펑펑 쓰고 페라리를 몰 처지는 아니었다.

그래도 마침내 나 자신에게 멋진 옷을 입힐 수 있는 사람이 되었다는 사실에 신이 났다. 선택의 폭도 훨씬 넓어졌다. 부수적인 혜택이 아니라 필요에 의해서 넓어진 것이다. 사진마다 반드시 다르게 보여야 했고 상황에 따라 옷을 골라 입어야 하는 경우도 많았다. 아무도 나나 조지에게 어떤 옷을 입어야 한다고 지시하지는 않았지만 우리는 때때로 스타일리스트를 시켜 다양한 옷을 한 무더기 가져오도록 한 다음 입어 보기도 했다. 그런 경우 대개 너무 요란하거나 좀 과하다 싶은 옷들을 가져왔다. 80년대 중반은 그런 시대였다. 두 사람 다 옷에 대한 영감을 얻겠다고 패션쇼를 기웃거리지도 않았다. 패션 자체가 내

WHAM JAPAN TOUR'85

DATE	VENUE	TRAVEL	HOTEL
Jan 7 MON		1:30Pm Baggage Down 2:30Pm Depart Hotel 3:40Pm Lv TOKYO by ANA#259 5:25Pm Arr FUKUOKA	MIYAKO HOTEL TOKYO 1-1-50, Shirogane-dai Minato-ku, Tokyo PH: 03-447-3111 TLX: 242-3111
Jan 8 TUE	FUKUOKA SUN PALACE 092-272-1123 8:00Am Stagecall 4:00Pm Sound check 6:00Pm Doors open 6:30Pm SHOW Time	7:30Am Crew Depart 3:30Pm Band Depart	ZENNIKU HOTEL (ANA) 3-3-3, Hakata Ekimae PH: 092-471-7111
Jan 9 WED	OFF	1:00Pm Baggage Down 1:45Pm Depart Hotel 2:50Pm Lv FUKUOKA by ANA#210 3:50Pm Arr OSAKA	HOTEL NIKKO (JAL) OSAKA
Jan 10 THU	OSAKA FESTIVAL HALL PH: 06-231-2221 9:00Am Stage call 4:00pm Sound check 5:45pm Doors open 6:30pm Show time	3:30Pm Band Depart	HOTEL NIKKO (JAL) OSAKA 7, Nishino-cho Minami-ku, Osaka PH: 06-244-1111 TLX: 522-7575
Jan 11 FRI	OSAKA TAIIKUKAN PH: 06-631-0121 8:00am Stage call 4:00pm Sound check 5:30pm Doors Open 6:30pm show time	7:20am Crew depart 3:30pm Band depart 10:30pm Baggage down	Ditto

ANDREW'S JAPANESE NOTES
— FOR USE ON STAGE

(1) KONI CHI WA — GOOD AFTERNOON
(1)A KON BAN WA — GOOD EVENING
(KOM BOW WA)

(2) KO'CHIR(A) WA - SAN DESU -

(3) HAJIMEMASHITE DOZO YO ROSH(I) KU
(HA JIMMY MASHTY) ||
I'M PLEASED TO MEET YOU.

(4) O GENKI DES(U) KA = HOW ARE YOU

(5) YOI - GOOD
(6) SKOI(E). - GREAT.
(7) CAMPAI - (CHEERS)
(CAMPAI)

YES - HAI
NO - EAI.

관심사는 아니었지만 멋지게 보이고 싶은 욕구는 있었다. 관심과 욕구가 반드시 일치하는 건 아니었다. 나는 스타일링에는 타고난 재능이 있었다. 왬!이 성장하면서 나는 다른 밴드들의 다양한 스타일을 따라하기보다는 나만의 취향을 살렸다. 디이그제큐티브 공연 때 입었던 킬트는 내 취향이 아니었다. 이제는 자켓과 수트를 선호했다. 하지만 때는 1984년이었고 내가 선택한 디자이너 중 일부는 여전히 덮어놓고 화려함만을 추구했다.

특정 아티스트나 특징적인 스타일을 따라하는 경우는 거의 없었지만, 오래 전부터 데이비드 보위나 이후에 나온 브라이언 페리 같은 아티스트들의 선구적인 스타일을 동경했다. 빈틈없이 세련된 수트에 매치시킨 단추를 채우지 않은 셔츠, 흘러내리는 앞머리가 대표적이다. 나는 요지 야마모토, 베르사체 등에서 코트를 사서 최신 트렌드와 브라이언 페리 스타일의 절제된 우아함의 결합을 시도했다. 하지만 일이 없는 날에 한해서였다. 무대 위에서는 눈에 확 띄어야 했다. 나는 우리의 무대에 조금 남다른 개성을 부여하고 싶었다. 멀리서 보는 사람도 나를 확실히 알아볼 수 있도록 꾸미고 싶었고 그러려면 조지와 확연히 구별되어야 했다. 조지와 구별되는 것은 어렵지 않았다. 조지는 모든 패션 상식을 거부하기로 작정을 했기 때문이다.

조지는 패션 감각을 타고난 것 같지는 않았다. 블라우스와 프릴 달린 셔츠를 입기도 했다, 헐렁한 중년 스타일 니트와 투박한 부츠는 무거운 느낌을 주었다. 가끔 나는 조지가 방송에 출연하거나 개인적인 일정에 나서기 전에 슬쩍 내 의견을 물어봐 주면 좋겠다고 생각했다. 가끔 옷을 약간 이상하게 입을 때가 있었기 때문이다. 웬만한 건 뭐든 나와 의논하는 조지였지만, 패션에 대한 본인의 선택에 대해서는 나의 의견을 묻지 않았다. 나에게 말할 기회가 주어졌더라면 볼레로 재킷과 타이트한 레깅스, 감청색 실크 허리띠, 플랫 슈즈는 피하라고 조언했을 것이다. 아마도 발레리노 루돌프 누레예프에게서 영감을 받은 조합인 것 같았다.

적어도 조지는 외모와 체중에 대해서는 예전만큼 예민하지 않았다. 하지만 머리에는 여전히 엄청나게 신경을 썼다. 80년대 오존층 파괴가 심각해진 것도 조지가 헤어스프레이를 무진장 뿌려댄 것과 무관하지 않을 것이다. 탈색도 한 데다 브러시와 드라이어로 볼륨을 얼마나 넣었는지 타블로이드 신문 일면에 실린 그의 사진을 얼핏 본 친구들은 다이애너 비로 착각할 지경이었다.

한번은 인터뷰에서 어릴 때부터 알던 학교 친구와 투어를 다니면서 가장 못마땅한 점이 뭐냐고 묻기에 나는 불만을 털어

놓았다. "타는 냄새는 진동을 하고, 헤어드라이어로 부산을 떨고, 하루 종일 머리카락을 만지작거리고…"

반면 나는 내 새로운 투어 룩이 너무나 만족스러웠다. 달랑거리는 웨스턴 타이•를 매고, 흰색 인견 안감을 댄 로열 스튜어트 타탄•• 코트를 입고 금속 체인 장식을 달았다. 여기에 코트에 어울리는 맞춤 재킷과 몸에 딱 붙는 바지, 흰색 셔츠로 스타일을 완성했다. 나는 이 모든 것이 시선을 사로잡는다고 생각했고 무대 위에서의 내 역할에 더 없이 어울린다고 생각했다.

• 가느다란 끈 모양의 타이

•• 스튜어트왕조를 상징하는 타탄 문양

21. 중국 투어

'중국에서 공연하게 된 소감은?'

사이먼과 재즈가 당시만 해도 적대적이던 공산주의 중국에서 공연해보는 게 어떻겠냐고 이야기를 꺼냈을 때는 나도 조지도 그다지 내키지 않았다. 극장 무대에 겨우 여섯 번 서 보고, 이제 막 미국 시장에 첫발을 내딛어 보려는 상황에서 중국처럼 예사롭지 않은 곳에서 공연을 하다니, 말 그대로 미친 소리 같았지만, 거기에는 나름대로 깊은 뜻이 있었다. 사이먼은 세간의 관심을 크게 불러일으키는 행보 하나가 얼마나 큰 위력을 발휘하는지 이해하고 있었고, 또 조지가 대규모 미국 공연에 나서기를 주저하고 있어서 미국 시장을 크게 한 번 휩쓸고 <메이크 잇 빅> 앨범의 성공 효과를 극대화가 어려워졌다는 것도 잘 알고 있었다. 대규모 전국 투어 한 번으로 미국 내

미디어 인지도를 단번에 끌어 올릴 수 있는 기회가 사라진 상황에서 그는 적은 비용으로 극적인 효과를 얻을 수 있는 전략을 생각해내야 했다. 그는 뭔가 이슈를 만들어야 했다. 자신만의 남다른 직관으로 사이먼은 웸!이라는 어디로 튈지 모르는 팝 브랜드를 중국에 소개하는 것이 최선이라는 결론에 도달했다. 중국에서 공연하는 최초의 서구 밴드가 되면 미국을 비롯한 전 세계 언론의 헤드라인은 우리가 차지하게 된다. 적어도 이론상으로는 그랬다.

내게는 여전히 중국 공연이 말도 안 되는 생각 같았다! 비용도 엄청날 테고 사이먼이 베이징과 광저우(당시 서구에서는 페킹과 캔톤이라고 불렀다)에 잡아놓은 공연이 그의 계획대로 정말 세계의 관심을 끌지도 의문이었다. 중국은 대중적 관심의 레이더망에서 너무 동떨어진 곳이라 사이먼의 예측은 확실한 근거가 있다기보다 그냥 맹목적인 믿음 같았다. 기적을 바란다고 할까.

하지만 사이먼은 계속 확신에 차 있었고 우리가 <메이크 잇 빅> 앨범을 녹음하는 동안 이미 중국을 드나들며 공연이 성사되도록 다양한 정계 인사들과 온갖 종류의 교섭을 벌인 상태였다. 그는 자신의 패를 모두 던져 놓고 조지를 설득했다. 미국에서 전국 투어를 할 필요도, 끝도 없이 라디오와 TV에 출연해서 홍보를 할 필요도 없게 큰 그림을 그린 거라고. 우리는 그에 따르기로 했다. 미국 공연 못지않게 고된 유럽 투어도 사이먼의 큰 그림대로라면 이제 필수가 아니라 선택이었다. 대신 우리는 미지의 땅을 정복하러 나섰다.

왬!이 팝의 역사를 새로 쓰는 순간이었다.

우리는 1985년 4월 베이징 공항에 도착했다. 현실의 중국은 내가 상상하던 그대로였다. 쌩쌩 달리는 수백 대의 자전거들이 내는 따르릉 소리가 거리 곳곳에 울려퍼졌다. 거의 모든 사람들이 길고 헐렁한 재킷에 같은 느낌의 바지로 구성된 칙칙한 회색 인민복 차림이었다. 단합된 중국을 상징한다고들 하지만 어차피 선택의 여지가 많을 것 같지는 않다. 우리는 베이징 시내에 딱 하나 있는 서양식 호텔에 자리를 잡았다. 비교적 현대적인 호텔이었지만 설비나 비품들은 국내외에서 우리가 익숙하게 사용했던 것들에 비하면 기본적인 것들만 갖추고 있었다. 무슨 이유에서인지 모든 물건에서 화학약품 냄새가 났다. 하지만 가장 인상적이었던 것은 사람들의 반응이었다. 과거 중국이 얼마나 폐쇄적이고 고립된 국가였는지 요즘은 종종 잊곤 하는데 당시 우리와 마주친 사람들은 모두 우리를 경계하는 것 같았다.

우리는 이내 갑갑함을 느꼈다. 중국에서 열흘이나 머물러야 하는데, 공식적으로 잡힌 일정 말고는 시내를 돌아다니는 것이 금지되어 있었다. 어디를 가든 경호원들이 따라다녔다. 만리장성도 가보고 사원들도 방문했다. 문화탐방의 일환으로 지방 농산물 시장에도 경호를 받으며 갔는데 그곳에서 '웨이크 미 업 비포 유 고고'가 녹음된 케이프를 틀었더니 대부분 60~70대 지방 노동자들로 보이는 중국 사람들이 어리둥절한 표정을 지었다. 으리으리한 만찬에 초대되어 범상치 않은 고기와 채소를 먹기도 했는데 대부분 생전 처음 접하는 것들이었다. 조심스럽지만 호기심 어린 시선이 어딜 가나 우리를 따라왔다. 비명을 지르는 소녀들, 사인을 해 달라는 사람들이 몰려들던 다른 나라들과는 많이 달랐다. 이곳에서 나는 정부 관료들과 악수를 하고 중국의 유력 인사들을 만나면 고개를 숙여가며 인사했다. 심지어 내가 호화찬란한 시청 건물에서 열린 화려한 만찬에 초대되어 자리를 꽉 채운 높으신 분들 앞에서 연설을 하는 정말 믿기지 않는 상황도 벌어졌다. 아무튼 나는 나름 인맥 같은 것을 만들려고 최선을 다했다.

"저의 파트너인 조지와 저 두 사람 모두 우리의 공연이 여러 면에서 중국의 무대 예술과 닮았다고 생각합니다." 조지와 나는 연설 불과 몇 분 전까지 연설문에 대해 합의를 하지 못했다. 우리와 완전히 이질적인 문화에서 어떤 식으로 말을 해야 통할지 둘 다 확신이 서지 않았다. 심지어 "신사 숙녀 여러분…"

GOOD NEWS!
EXTRA SEATS ADDED AGAIN

JESU INTERNATIONAL ENTERTAINMENT LTD. proudly presents

WHAM!
HK'85

Book Now

APRIL 2nd, 3rd, '85 (8pm)
PLACE : HONG KONG COLISEUM
TICKET PRICE : $120, & $80
AVAILABLE AT : TOM LEE PIANO CO. BRANCHES
(Man Yee Bldg. Cameron Lane)
CENTURY CINEMA

HIT SONGS INCLUDE:
CARELESS WHISPER
FREEDOM
WAKE ME UP BEFORE YOU GO GO

이라는 말이 적절한지도 의문이었다. 참석자 중 여성이 있긴 한가? 나는 도무지 알 수가 없었다. 하지만 우리가 무엇을 하고, 어디를 가건 우리의 일거수일투족을 빠짐없이 주시했고, 중국 당국은 중국 젊은이들이 머리를 요란하게 꾸미고 타탄 무늬 맞춤 수트를 입은 서방의 젊은 팝스타들로부터 지나치게 영향을 받을까봐 염려했다. 우리는 그냥 미국 공연을 피해 보려고 중국에 간 거였다. 그런데 중국공산당은 우리의 방문을 허용한 것이 과연 잘한 일인지 미심쩍어하는 눈치였다. 우리가 뭘 하든 묘한 긴장감이 떠나지 않았다.

이런 거북함은 베이징 노동자체육관에서 열린 첫 공연 날 그 어느 때보다 두드러졌다. 1만 5천 명을 수용할 수 있는 거대 실내 시설인 노동자체육관은 우리 공연 이전에는 1961년 세계 탁구 선수권대회가 열린 장소로 외부 세계에 알려진 장소다. 우리가 무대에 오르기 전 관객들에게는 가수가 입장할 때 너무 요란스럽게 환호하지 말라는 경고가 전달되었고 나중에 들은 바로는 팬들에게 공연 중 지켜야 할 엄격한 행동 수칙을 담은 소책자를 미리 나눠줬다고 한다. 중국 문화부는 심지어 중국 젊은이들에게 "관람은 하되, 공연으로부터 어떤 것도 학습하지 않도록" 당부했다. 무대에 오르자 경찰이 관중석을 향해 객석을 몇 겹으로 에워싸고 있는 모습이 눈에 띄었다. 사람들을 위협하는 두터운 권력의 벽이었다. 새로 왬!의 팬이 된 기념으로 우리의 곡이 녹음된 무료 카세트테이프를 티켓과 함께 나누어 주었다. 테이프 한 면에는 원곡이 그대로 녹음되어 있었고, 뒷면에는 우리 공연 오프닝에 나왔던 중국 가수 청팡위안이 '클럽 트로피카나', '웨이크 미 업 비포 유 고고' 같은 트랙들을 중국어로 부른 버전이 실려 있었다. 중국어 버전은 매우 공산당다운 분위기로 개사되었다.

떠나기 전에 나를 깨워줘.
하늘과 겨뤄 높이 높이 올라갈 거야.
떠나기 전에 나를 깨워줘.
남자들은 제일 먼저 정상에 오를 거야.
떠나기 전에 나를 깨워줘.
여자들도 함께야, 뒤처지지 않아.

인정. 나라도 더 잘 쓰지는 못했을 거다.

공연이 시작되자, 객석의 주눅 든 분위기에 영향을 받지 않을 수 없었다. '맙소사, 이래서는 평소처럼 할 수가 없어….' '배드 보이즈'의 신디사이저가 내는 요란한 이탈음이 허리를 꼿꼿이 세우고 무대를 정면으로 보지 않으려고 시선을 피하는 수

백 명의 머리 위로 울려 퍼질 때 나는 생각했다. 소수의 사람들이 춤을 추기도 했다. 다행히 다른 사람들처럼 엄격한 규칙을 적용받지 않는 외국인 학생들은 넓은 공연장 한쪽에서 그나마 음악을 즐기고 있었지만, 어떤 현지인이 그들의 무리에 끼려고 하자 경찰이 달려가 그 남자에게 자리에 가만히 앉아 있으라고 경고했다. 남자가 소란을 일으키자 경찰들이 그를 강제로 끌고 나갔다. 펩시와 셜리는 그 사건에 몹시 충격을 받았고 나는 그 남자가 그 후 심하게 구타당하거나 심지어 열악한 수용소에 끌려가 장기간 혹독한 노동에 시달리는 벌을 받게 되는 상상을 하지 않을 수 없었다. 하지만 불편한 분위기에도 불구하고, 그 날의 공연은 일종의 분기점이 되었다. 수년 후, 중국이 좀 더 개방되고 외부 세계에 친화적인 국가가 되면서 우리가 중국 젊은 세대에게 어떤 영향을 끼쳤는지 서서히 드러나기 시작했다. 어린 친구들은 청바지와 데님 재킷을 찾기 시작했다. 서방의 음악을 더 듣고 싶어서 찾아보는 아이들도 생겼고 그 결과 다른 영국과 미국 밴드들도 중국에서 공연을 할 수 있는 길이 열렸다. 왬! 공연 직후 성사된 폴리스의 공연이 좋은 예다.

나는 중국과 서구 자유민주주의 국가에서 살아온 내 삶의 격차에 큰 인상을 받았지만, 조지는 그런 문제에 크게 관심을 두지 않았다. 조지는 음악에만 몰두했다. 경호의 벽 너머에 펼쳐진 완전히 새로운 세계의 생경함 같은 건 아랑곳하지 않고 꼭꼭 숨은 채 최신 해외 앨범 차트에, 특히 <메이크 잇 빅>이 근래 얼마나 팔렸는지에만 촉각을 곤두세우고 있었다. 그는 숫자에 집착하게 되었다. 숫자는 그에게 성공을 가늠하는 유일한 기준이었고, 스스로가 작곡가로서 얼마나 성장하고 있는지를 보여주는 척도였다. 반면, 리뷰와 기사의 양에는 별로 관심이 없었다. 중국에서 그는 공연하러 가거나 일정대로 귀빈들과 만나러 갈 때가 아니면 호텔 방에서 나오지도 않았다. 간혹 밖에 나와 서방 사진기자들과 언론 관계자들을 떼로 몰고 다니며 외부 일정을 소화할 때도 조지는 지역 문화, 건축, 주변 풍경에는 전혀 관심을 갖지 않았다. 몸으로 겪는 여행이라는 체험도 그에게는 감흥을 주지 못하는 것 같았다. 음악에 많은 에너지를 소모하다 보니 다른 것에 눈 돌릴 여유가 별로 없었던 것이다. 거의 병적인 수준이었고 최신 주중 차트 순위, 라디오 방송 횟수, 판매고를 가지고 라디오 홍보 담당자 게리 페로를 닦달했다. 곡이 히트한다는 것은 조지의 작곡 솜씨가 훌륭하다는 뜻이고 1위를 한다는 것은 최고라는 뜻이다. 조지에게는 중국에서의 새로운 모험도 글로벌 음반 판매를 촉진할 때에만 가치가 있었다.

사이먼은 기왕 중국까지 갔으니 이 기회에 우리를 최대한 세상에 알리려면 중국 공연 실황을 영상으로 남겨야 한다고 생각했다. 그래서 그는 〈욕망의 끝(This Sporting Life)〉, 〈성난 얼굴로 돌아보라(Look back in anger)〉등 어두운 사회적 사실주의 영화들로 유명한 린지 앤더슨 감독을 섭외했다. 매 순간을 필름에 기록한다는 것은 분명 의미 있는 일이지만, 앤더슨 감독을 선택한 것은 완전히 미친 짓이었다. 사이먼이 앤더슨 감독을 선택했던 것은 우리의 프로젝트에 진지함과 예술적 신뢰성을 부여하기 위해서였고, 조지가 영화 제작에 찬성했던 이유는 순전히 앤더슨의 정치적, 사회적 시각을 존경했기 때문이었지만, 그 어떤 이유를 들어도 앤더슨 감독은 올바른 선택이 아니었다. 나는 왬!의 홍보라는 프로젝트의 기획 의도와 전혀 어울리지 않는 감독이 메가폰을 잡는 이 이상한 상황을 이해하기가 힘들었지만, 그래도 카메라가 나를 향할 때마다 나름 협조했다. 지금 정직하게 말하라면 사실 이렇게 찍어서 뭐가 될 것 같다는 기대는 없었다.

그렇다고 영상으로 남길 자료가 부족했던 것은 아니다. 두 번째 공연이 그나마 공연다웠다면, 그것은 자신들의 존재를 알리고 표현하려는 팬들의 노력 덕분이었다. 광저우 공연에서는 훨씬 뜨겁게 들끓는 에너지가 눈에 보였고 팬들에게는 자기 자리에서 춤추는 것도 허용되었다.

DAILY EXPRESS Monday April 1 1985

THERE'S SO MUCH M-

China bound Wham! make it a family affair

By DAVID WIGG

TOP pop duo Wham! lined their parents up for a very special treat yesterday.

As the smash-hit singing pair left Britain on the first leg of their trip to China, both sets of parents went too—a thank-you present for all their help and support.

In all there were 96 people, including minders, sound engineers and film crew, on board the group's Hong Kong-bound plane.

Star George Michael, pictured with his parents Jack and Lesley Pales (above, left) said: "I like my parents travelling with me. I feel I owe them that.

"The closeness we have as a family has prevented me from ever feeling lonely in spite of the pressures of this business," he added.

Andrew Ridgeley was just as keen to have his parents Albert and Jenny (right) along too.

After playing two concerts in Hong Kong, the entourage will move on for the first visit of a Western group to Communist China.

A lavish banquet in their honour is to be held in Peking on Friday night.

The historic tour is being filmed by top British director Lindsay Anderson.

George, 21, enthused: "We need to have it caught on celluloid because we can hardly believe it's happening. We are overjoyed about being allowed into China. It's a fantastic coup."

장거리 비행을 하면 조지의 머리는 늘 주전자 뚜껑을 쓴 것처럼 우스꽝스러워졌다.

'케어리스 위스퍼'의 도입부 색소폰 연주가 흘러나오자 사람들이 정말로 소리를 지르기도 했다! 하지만 중국 일정에서 가장 기억에 남았던 강렬한 이미지는 공연의 한 장면이 아니었다. 만리장성에서 포즈를 취하고 있는 나와 조지 옆에 세 살 혹은 네 살쯤 된 소년이 군복을 입고, 장교 모자를 머리에 대충 걸친 모습은 그들과 우리들 사이의 간극을 집약해서 보여주는 것 같았다. 바로 이런 문화적 간극이 전 세계 언론의 상상력을 자극한 듯했다. 음반 판매량에 즉각적인 영향은 받지 않았는지 몰라도 마치 왬!이 세계적인 하나의 문화 현상이 된 것 같았다.

나는 원하는 대로 표현할 수 있는 자유를 누리고 있음에 감사하며 집으로 돌아왔다. 중국에 다녀왔는데 마치 달나라라도 갔다 온 기분이었다.

슬프게도 린지 앤더슨의 영화가 공연 현장을 담아낸 방식은 우리가 기대한 방향과 너무나 달랐다. 조지와 나는 <당신이 거기에 있었다면(If You Were There)>이라는 제목이 붙은 기록 영화를 가까운 관계자들만 모아놓고 상영하는 자리에 늘 그렇듯이 늦게 도착했다. 지금 생각하면 차라리 가지 말 걸 그랬다. 영화는 내가 염려한 그대로였다. 잘 찍었지만 왬!이라는 서방 팝 밴드의 신나는 중국 공연기록이 아니라 공산주의 국가에서의 삶을 바라보는 암울할 정도로 진지한 시선을 보여주었다. 나와 마찬가지로 조지도 별로 마음에 들어 하지 않았고, 적어도 그 당시로서는 크게 손을 보지 않는 한 아무 쓸모가 없는 결과물이었다. 내용적으로도 시각적으로도 영화의 본래 취지에 대한 이해가 너무 부족해 원래 촬영분을 가능한 살려 완전히 새로 만들지 않는 한 세상에 내놓기가 어려울 정도였다.

너무 아까운 기회를 날려버렸지만, 중국 공연이 남긴 가장 아픈 흔적은 영화가 아니었다. 정산이 남아 있었다. 비용을 다 정산하고 보니 중국 현지에서 번 수익은 가지고 올 수 없다고 했다. 중국 정부가 외국인의 해외 송금을 허가하지 않기 때문

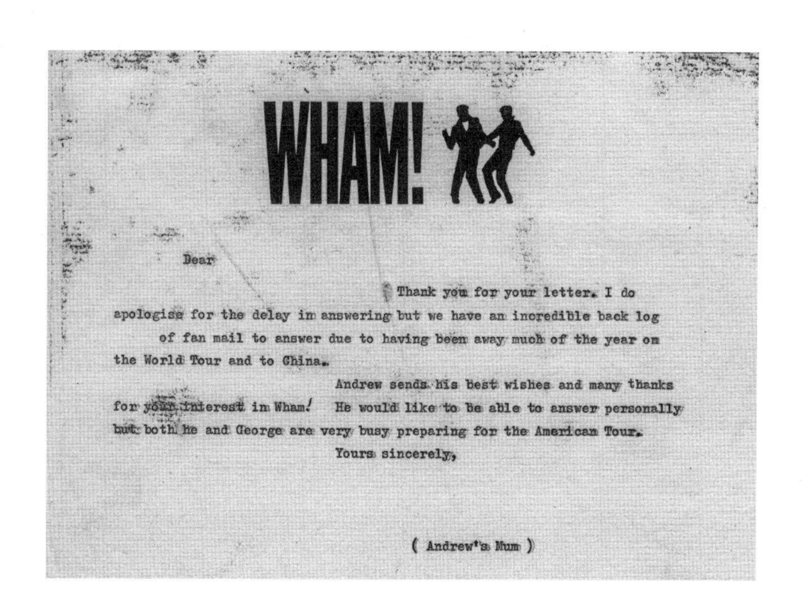

WHAM!

Dear

Thank you for your letter. I do apologise for the delay in answering but we have an incredible back log of fan mail to answer due to having been away much of the year on the World Tour and to China.

Andrew sends his best wishes and many thanks for your interest in Wham! He would like to be able to answer personally but both he and George are very busy preparing for the American Tour.

Yours sincerely,

(Andrew's Mum)

이었다. 현금 대신 수백 대의 노동자용 자전거를 보내주겠다는 제안이 왔지만 정중하게 거절했다.

22. 라이브 에이드

노래할 때 조지의 목소리는 머리카락을 쭈뼛하게 만들 정도로 힘이 있었다. 나는 그가 '웨이크 미 업 비포 유 고고'를 쓰고 녹음했을 때 처음 그 힘을 감지했지만, 빅 투어를 하면서 조지는 가수로서도 작곡가로서도 성장에 가속도가 붙었다. 모두 높아진 자신감의 영향인 것 같았다. 그는 아직 완성된 재목은 아니었지만, 사람들은 그의 진가를 깨닫기 시작했다. 미국에서의 반응은 그 어디에서보다 폭발적이었다.

왬!이 처음 미국에 가서 〈*아메리칸 밴드스탠드*〉, 〈솔리드 골드〉 등의 TV 음악프로그램에 등장했을 때, 팬들과 비평가들은 즉각 우리를 알아보았다. 미국인들은 우리를 순수하게 팝 밴드로서 좋아해 주었다. 사회적 인식이 담긴 '왬랩'과 '영 건즈'의 가사 때문에 영국에서 겪었던 불편한 상황도 미국에서는 벌어지지 않았다. 무엇보다 조지는 '케어리스 위스퍼'가 미국에서 1위를 한 이후 현지에서 이미 떠오르는 작곡가로 알려져 있었다.

높아진 명성을 반영하듯 조지는 뉴욕 할렘에 있는 아폴로극장 창립 50주년 기념행사 무대에 초대되었다. 전설적인 아폴로 극장은 어리사 프랭클린, 오티스 레딩, 마빈 게이, 제임스 브라운 등 쟁쟁한 아티스트들의 공연 장소로 널리 알려졌고 특히 이들의 라이브 앨범이 녹음된 곳으로 유명하다. 행사에 참여하는 가수들의 명단은 그 자체가 *음악계를 빛낸 인물 사전* 같았다. 여섯 시간짜리 공연에는 스티비 원더, 다이애나 로스, 리틀 리처드, 앨 그린, 조 카커, 로드 스튜어트 외 다수의 인물이 초대받았고 수익은 에티오피아 기아 문제 해결에 쓰일 예정이었다. 스물한 살이라는 젊은 나이였지만 조지 역시 행사에 초대받아 스모키 로빈슨, 스티비 원더와 듀엣 무대를 보여주었다. 조지가 그렇게 전설적인 뮤지션들과 함께 노래한 것은 그때가 처음이었을 것이다. 하지만 발코니석에서 다른 귀빈들에 둘러싸여 바라본 조지는 나무랄 데 없는 공연을 보여주었고 스티비 원더의 명곡(Love's in Need of Love Today)'을 자신만의 독특한 스타일과 개성으로 훌륭하게 불렀다. 위대한 원곡자와 보컬 라인을 주고받으며 조지는 내가 굳게 간직해온 믿음을 확인시켜 주었다. 그는 그날 함께 무대에 오른 사람들과 어깨를 나란히 할 만한 뮤지션이라는 믿음이었다.

무대 위의 조지는 환상적이었다. 너무 훌륭해서 때때로 나도 놀랄 정도였다. 스모키 로빈슨과 함께 재해석한 '케어리스 위스퍼'는 믿을 수 없을 정도였다. 그러다 문득 조지의 엄청난 재능을 진정으로 이해하는 사람이 나 혼자가 아니라는 걸 느꼈다. 모든 이들이 조지의 진가를 확인하는 순간 나는 다시 한 번 조지의 궁극적인 목표가 왬! 그 이상이라는 것을 떠올렸다. 그는 늘 손을 뻗기만 하면 닿을 수 있었던 그 높이에 마침내 도달했다. 왬!의 테두리 밖에서 조지가 극복해야 할 장애물은

END OF THE BIG TOUR PARTY

Sunday 3rd March
You and one guest are invited
to help participate in the
festivities to end three months
of hard graft around the world.
at
Legends, 29 Old Burlington Street, London W1.
Admittance by invitation only - don't leave it at home.

Dress: Decently

from
9.30 pm onwards

그 자신이 그어놓은 한계뿐이었다. 가스펠 요소를 가미해 한 편의 서사시 같았던 스티비 원더와의 공동 무대가 끝나고 사람들이 모두 일어나 기립박수를 친 그 때, 우리는 모두 위대한 순간을 영접하고 있음을 확신했다.

조지는 크나큰 도약을 했다. 하지만 아직 시작에 불과했다.

두 달 후, 1985년 7월 13일 조지는 다시 영국 팝 역사상 가장 큰 라이브 무대에 섰다. 웸블리 스타디움은 라이브 에이드 공연을 보러 온 사람들로 꼭대기 층까지 들어찼다. 밴드 에이드로 큰 성공을 거둔 봅 겔도프와 밋지 유어는 밴드 에이드가 불러일으킨 선한 의지와 에너지를 끌어모아 역사상 최대 규모의 자선공연을 기획했다. 동시에 바다 건너 미국의 필라델피아에서도 공연장 하나가 사람들로 가득 찼다.

팝과 록 역사에 길이 남을 위대한 이름들이 포함된 그 날의 라인업은 계획하는 데 들었을 노력을 상상하는 것만으로도 아찔해질 정도로 놀라웠다.

런던 공연 명단에는 붐타운 래츠, 스팬도 발레, 닉 커쇼, 스팅, U2, 다이어 스트레이츠, 퀸, 데이비드 보위, 더 후, 엘튼 존, 폴 매카트니 등이 들어 있었다. 필라델피아 무대도 이에 못지않았다. JFK 스타디움의 관중들은 포 탑스, 블랙 사바스, 런-DMC, 마돈나, 브라이언 애덤스, 심플 마인즈, 더 비치 보이

PEPSI
Kodak
FEED THE WORLD
JULY 13th 1985 at WEMBLEY STADIUM
LIVE AID
LIVE AID

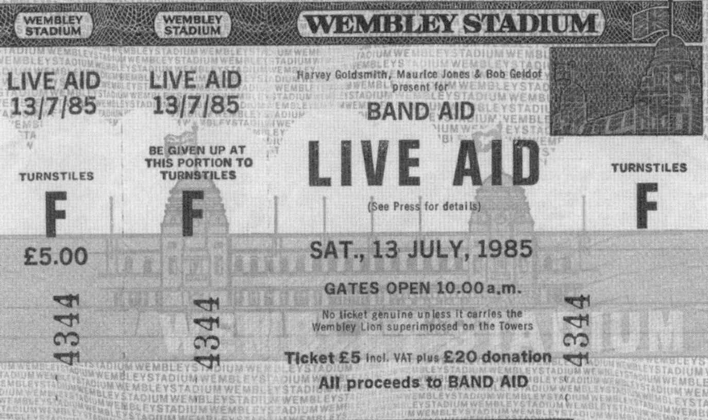
WEMBLEY STADIUM
WEMBLEY STADIUM
WEMBLEY STADIUM
LIVE AID
13/7/85
LIVE AID
13/7/85
Harvey Goldsmith, Maurice Jones & Bob Geldof
present for
BAND AID
BE GIVEN UP AT THIS PORTION TO TURNSTILES
LIVE AID
TURNSTILES
F
TURNSTILES
F
F
(See Press for details)
£5.00
SAT., 13 JULY, 1985
GATES OPEN 10.00 a.m.
No ticket genuine unless it carries the Wembley Lion superimposed on the Towers
4344
4344
4344
Ticket £5 incl. VAT plus £20 donation
All proceeds to BAND AID
BOX OFFICE
TO BE GIVEN UP
TO BE RETAINED
ISSUED SUBJECT TO THE CONDITIONS ON BACK

스, 티나 터너, 톰 페티, 닐 영, 에릭 클랩튼, 밥 딜런, 그리고 롤링 스톤즈의 다양한 멤버들을 볼 수 있었다.•

하지만 미국 공연의 백미는 특별히 재결합한 레드 제플린의 무대였다. 레드 제플린은 1980년 원년 드러머였던 존 보넘의 사망 이후 해체되었고 다시 무대에 오르기 위해 필 콜린즈를 드러머로 선택했다.

학창 시절 조지가 가족의 지인으로부터 레드 제플린의 전곡이 수록된 음반을 선물 받은 후 나는 그들의 열렬한 팬이 되었다. 직접 연주를 하면서 기타리스트 지미 페이지의 경이로운 음악성과 사운드에 크게 감명을 받았다. 믿기 어려운 일이지만 라이브 에이드 한 해 전, 미국 빅투어 공연 때 지미 페이지와 잠깐 만난 적이 있었다. 무대 뒤에서 대기하고 있는데 누군가 대기실 문을 노크했다. 투어 디렉터 캔 워츠가 약간 안절부절 못하며 서 있었다.

"어, 앤드류. 좀 이상한 부탁인지 모르지만. 지미 페이지가 따님하고 같이 왔는데 혹시 잠깐 인사를 나눌 수 있냐고 하네요."

나는 머리가 핑 도는 것 같았다. *지미 페이지가 나를 만나려고 기다리고 있다니!* 그가 누구랑 왔고, 그가 거기서 무엇

• 롤링 스톤즈의 멤버 중 로니 우즈와 키스 리처즈는 밥 딜런과, 믹 재거는 데이비드 보위와 함께 각각 무대에 올랐다.

을 하고 있는지 같은 생각은 순식간에 허공으로 사라졌다. 아무것도 안 들리고 아무 생각도 안 나고, 로큰롤 역사의 상징, 기타의 신이 지금 문밖에 서 있다는 생각에 완전히 정신이 나가 버렸다. 나는 정신을 차리고 밖으로 나가 지미 페이지와 마주했다. 그는 딸과 함께 참을성 있게 기다리고 있었다. 정말로 지미 페이지였다. 몰래카메라가 아니었다.

'젠장, 젠장, 젠장….' 나는 속으로 되뇌었다. '지미 페이지다!'

다음 순간 끔찍한 깨달음이 찾아왔다. *'세상에, 지미 페이지가 망할 왬! 콘서트에 끌려오다니. 빌어먹을 왬! 콘서트 같은데 지미 페이지가 오고 싶었겠어?'* 하지만 이미 엎질러진 물이었다. 나는 그와 악수를 하고 바보같이 웃었다.

"딸이 자네들 진짜 팬이야." 그도 마주 웃어주었다. "만나줘서 고마워."

나는 평행세계에 들어온 것 같았다. 여기서 나는 가볍게 들을 수 있는 대중적인 멜로디와 후렴, 클럽에서 따라 추기 좋은 안무가 주특기인 밴드의 멤버인데 역사상 가장 존경받는 록 기타리스트에게 특급 예우를 받고 있다. 다리에 힘이 풀릴 지경이었다. 90분간의 왬! 라이브 공연을 견딘 후에는, 지옥에서 온 블루스의 대사제도 아마 다리가 풀렸을 것이다. 적어도 레드 제플린이 필라델피아 쪽 무대에서 공연하는 한 라이브 에이드에서는 그때와 같은 기분을 다시 느낄 일은 없을 줄 알았다. 하지만 조지와 함께 웸블리에 도착했을 때의 느낌은 그때와 다르지 않았다. 웸블리 스타디움에 발을 들인 것만으로도 나는 어린 시절의 꿈을 이루었지만 그래도 약간 창피하지 않을 수 없었다. 퀸, 폴 매카트니, 더 후 같은 이들 옆에서 우리는 신참이었고 겨우 걸음마를 뗀 애송이들이었다. 그 정도 위상의 팀들과 같이 글로벌 무대를 공유한다는 사실이 너무 부자연스럽게 느껴졌다. 이런 불편함을 한층 더 가중한 것은 내가 라이브에이드 무대에 공식 참가자로 서는 것이 아니라는 사실이었다.

조지는 '돈트 렛 더 선 고즈 다운 온 미'를 엘튼존과 함께 부르게 되어 있었고 나는 그냥 그들이 무대에 오를 때 뒤에서 백보컬 가수들을 거들기로 했다. 그래서 그날 하루 종일 남는 부품 같은 기분이었다. 하지만 그래도 뜻깊은 행사에 참여해 가치 있는 일을 하고 있다는 점은 인식하고 있었다. 그날 행사는 에티오피아 기근 해소를 위해 가능한 많은 돈을 모금하기 위해 열렸고 봅 겔도프와 밋지 유어는 다양한 장르의 밴드들이 폭넓게 출연해야 국제적인 인식과 관심은 물론 모금액도 높일 수 있다는 것을 잘 알고 있었다. 왬!은 이제 그만큼 대단해졌고 우리가 듀란듀란 같은 밴드들과 함께 참여함으로써 젊은 층의 관심도 끌 수 있었다.

봅 겔도프는 무대 뒤에서 오랜 친구들을 맞이하고 처음 만나는 사람들과 인사를 하느라 분주하게 돌아다녔다. 모두 그가 멈출 줄 모르는 실천가이고, 아무리 완고한 사람도 어떻게든 자기 뜻에 따르게 만드는 추진력을 가진 인물이라는 것을 확실히 알 수 있었다. 제아무리 특급 VIP가 와도 아랑곳하지 않고 할일을 해낼 사람이었다. 돈 좀 내놔 보라며 대중들을 무섭게 다그치는 그였지만 그래도 조지와 나를 대할 때는 다른 때보다 약간 부드럽고 정중했다. 결과적으로 달라질 것은 없었지만.

"둘 다 와줘서 고마워." 우리를 반갑게 맞이한 그는 곧바로 내게 일을 시켰다. "저기, 자네는 위에 올라가서 해 줬으면 하는 일이 있어, 앤드류. TV에 나가서 영국 대중들에게 돈 좀 기부하라고 호소해봐." 나는 망설이지 않았다. 물론 하기 싫다고 안 할 수 있었던 것도 아니다! 그는 거역할 수가 없었다. 그는 무슨 일이든 지칠 줄 모르는 불굴의 에너지로 밀고 나갔고 그래서 그가 쏟아붓는 물리적, 정서적, 조직적 노력에 압도되지 않을 수 없었다.

어서 날이 저물어 무대에 나가기만을 고대하는 동안 모든 것에 그저 흥분하고 경탄하면서 정신없이 그날 하루를 보냈다. TV 카메라 앞에서 기부를 호소한 시간은 사실 사방에서 밀려

들어오는 감각 정보의 과부하로부터 잠깐 숨을 돌릴 수 있는 기회였다. 어디를 보든 눈 가는 곳마다 예전부터 멀리서 동경하던 전설적인 인물이 거기 있었다. 데이비드 보위, 프레디 머큐리, 브라이언 페리 등등.

조지는 언제든 자신의 차례가 되면 최고의 무대를 보여줄 수 있다는 자신에 차 있었다. 하지만 그가 엘튼 존과 함께 노래하는 소름 돋는 영광의 순간을 맞이했다고는 해도, 아직 자신을 엘튼 존 같은 사람과 동등하다고 여기지는 않았다. 아이버 노벨로 상을 받고 아폴로 극장 무대에도 섰던 경력이 마침내 그를 웸블리에 설 수 있게 했지만, 여전히 눈앞에 보이는 음악계의 위대한 이름들을 동료가 아닌 영웅으로 보고 있었다. 하지만 라이브 에이드 공연이 아직 그의 진가를 모르는 일부 사람들을 놀라게 할 잠재적 기회라는 사실도 인식하고 있었다. 라이브 에이드는 전 세계 수십억 시청자들에게 라이브로 방송되고 있었다. 적어도 십대들 말고는 왬!을 함께 출연하는 다른 밴드들만큼 중요한 팀으로 봐주지 않는다는 점을 우리도 알고 있었다. 조지는 엘튼 존과의 듀엣이 실력만으로 사람들의 인식을 바꿀 기회라고 생각하고 준비했다. 행사의 목적은 기부금 모금이었지만 기왕이면 누군가 노래를 듣다가 '어라, 왬!의 조지 마이클이라는 저 친구 노래 잘하네'라고 생각한다면 훨씬 더 좋지 않을까 하고. '돈트 렛 더 선 고즈 다운 온 미'는 그런 점에서 최적의 선택이었다. 조지의 음악적 DNA에 새겨져 있는 곡이었다. 그에게 "나를 만든 곡들"이라는 제목으로 리스트를 만들어 보라고 하면 반드시 들어갈 곡이고 그의 목소리에도 완벽하게 어울렸다. 조지는 그날의 무대를 가장 기억에 남을 중요한 무대가 되도록 준비했다.

조지와 함께 무대 뒤에서 바라본 객석의 풍경은 특별했다. 7만 2천 명의 행복한 사람들이 끝이 보이지 않을 만큼 멀리까지 퍼져 있었다. 그들 사이의 분위기도 독특했다. 퀸이나 롤링 스톤즈 같은 밴드가 웸블리에서 공연을 하면 종교행사 같은 분위기가 형성된다. 사랑하는 단 하나의 밴드를 보기 위해 그들을 숭배하는 사람들이 모인 행사이기 때문이다. 그날 웸블리의 분위기는 음악보다 훨씬 많은 것을 담고 있었다. 서로를 포용하는 공동체의 느낌이 그때까지 내가 본 어떤 공연과도 다른 종류의 강렬한 인상을 풍겼다. 그리고 나는 한 번도 그렇게 많은 관중 앞에 서본 적이 없다는 사실을 새삼 자각했다. 엘튼 존이 키키 디와 듀엣으로 부른 '돈트 고 브레이킹 마이 하트'가 끝나가자 너무 흥분해서 진정이 되지 않았다.

"이제 제 노래를 한 곡 불러줄 친구를 소개하겠습니다,"라고 엘튼 존이 말문을 열었다. "그리고 저는 이 친구의 음악적 재능을 그 무엇보다 동경합니다. 자, 여러분" 조지를 피아노 쪽으로 안내하며 그가 말했다. "조지 마이클…. 그리고 앤드류 리즐리입니다."

객석의 소리에 귀가 멀 지경이었다. 조지가 마이크를 잡고 '돈트 렛 더 선 고즈 다운 온 미'를 엘튼 존의 곡 중 가장 좋아한다고 말하자 또다시 경기장이 떠나갈 듯한 함성과 비명이 들렸다. 엘튼 존이 연주를 시작하자 나는 키키 디가 있는 뒷자리로 이동했다. 관객을 단숨에 사로잡는 가창력이 필요한 곡이었는데 조지는 자신의 능력을 원 없이 보여주며 자신만의 방식으로 곡을 소화했다. 내게 조지는 프레디 머큐리와 더불어 영국에서 가장 뛰어난 두 명의 보컬리스트 중 하나였고, 그날 라이브 에이드에서 수십억 명이 그 사실을 직접 확인했다.

조지는 무대를 장악했다.

관중들이 후렴구를 따라 부르면서 그는 많은 사람들의 눈앞에서 새로운 아티스트로 재탄생했다. 웸블리를 둘러싼 에너지가 우리를 압도했다. 봅 겔도프와 밋지 유어가 행사의 대미를 장식할 '두 데이 노 잇츠 크리스마스'의 합창을 위해 모든 참가자를 무대 위로 불러올릴 때에도 내 안에서는 여전히 아드레날린이 치솟았다. 무대에 오르다가 뒤를 돌아보니 데이비드 보위, 엘튼 존, 로저 돌트리, 스팅, 마크 노플러 같은 사람들이 우리 뒤를 따라오고 있었다. 나는 사방을 두리번거렸고 손에는 가사를 잊어버릴까봐 받아 놓은 가사지를 꼭 쥐고 있었다. 처음 곡을 녹음할 때 참여 기회를 놓쳤던 걸 감안하면 가사를 잊어버릴 만도 하지 않은가. 그때 갑자기 내 양옆 자리에 폴 매카트니와 보노가 자리 잡았고, 전 해에 지미 페이지를 만났을 때와 똑같이 실존적 혼란 같은 이상한 느낌을 경험했다.

"다음 곡이 뭔지는 아실 거라고 생각합니다." 봅 겔도프가 분위기를 유도했다. "무대가 좀 엉망이지만, 어차피 엉망일 거 차라리 20억 명이 보는 앞에서 해보는 거죠. 다 같이 엉망으로 불러 볼까요…."

무대에서 바라본 모습은 놀라웠다. 끝없이 펼쳐진 사람들의 무리가 하나가 되어 함께 뛰어올랐다. 하지만 내 옆에 펼쳐진 광경은 더욱 비현실적이었다. 서로 주고받는 후렴 부분에서 프레디 머큐리가 내 어깨에 팔을 걸쳤다. "사람들에게 식량을! 그들도 오늘이 크리스마스라는 걸 알 수 있게….(Feed the World! Let them know it's Christmas time….)" 라이브 에이드는 처음부터 끝까지 파티였다. 밴드 간의 경쟁 관계와 예술적 차이는 잊고, 이기심은 미뤄두었다. 개개인의 무대가 어땠고, 어떤 "실수"가 있었건 상관없었다. 참가한 모든 사람이 스스로 더 큰 무언가를 위해 하나가 되어 있다는 사실을 이해하고 있었고 그것이 분명히 눈에 보였다.

그렇다고 내가 프레디 머큐리와 마이크 하나로 노래를 불렀다는 사실이 더 쉽게 받아들여지지는 않았다. 퀸은 내 어린 시절 배경음악 같은 존재였고, 방과 후에 조지와 함께 그들의 음악을 수도 없이 들었다. 내 머릿속은 온통 프레디 머큐리에게 내가 얼마나 퀸의 음악을 좋아하는지 말하고 싶다는 생각뿐이었다. (*'프레디, 1979년 알렉산드라 팰리스 공연 가서 봤는데 당신 진짜 멋졌어요…. 그리고 사실 나 얼스코트 공연도 갔어요….'*) 하지만 그런 순간은 오지 않았다. 프레디 머큐리에게 내 십대 시절 퀸이 어떤 의미였는지 말할 수 있는 기회는 두 번 다시 오지 않았다. 라이브 에이드 팀이 무대에서 내려올 때 프레디도 무대를 떠났고 시야에서 사라졌다.

그리고 나는 그때 알았다. 적어도 나에게는 조지도 곧 떠날 사람이라는 것을.

23. 파티가 끝나고

빅 투어 기간 몇 차례의 미국 공연에서 성공을 거둔 후 조지가 라이브 에이드에서 훌륭한 무대까지 보여주고 나자 우리는 대규모 스타디움 공연을 계획할 자신감을 얻었다. 우리는 1985년 8월과 9월에 일리노이, 토론토, LA, 오클랜드, 휴스턴, 마이애미, 필라델피아, 폰티악 등을 돌면서 왬아메리카! 투어를 펼치게 되었다. 투어를 계획할 당시 이미 〈메이크 잇 빅〉 앨범은 멀티플래티넘(2백만 장 이상)을 달성했고 우리는 5만 명 가량을 수용할 수 있는 넓은 공연장에서 공연하기로 마음먹었다. 여러 가지 목표가 있었지만, 미국 시장 정복은 다른 목표와는 비교가 안 될 만큼 큰 야망이었다. 하지만 미국의 콘서트 기획사들은 세계 시장에서 큰 성공을 거두었건 말건, 미국 내 정식 공연 이력이 없는 밴드가 큰 공연장에서 공연할 수 있다는 사실을 쉽게 믿어주지 않았다. 그래서 목표 달성을 위해 우리의 미국 에이전트가 꾀를 냈다. 그들은 우리의 음반이 가장 많이 팔린 지역들을 추려 콘서트 티켓 판매를 홍보함으로써 거대 공연장도 쉽게 채울 수 있다는 것을 입증하려 했다. 방법이 먹혔고, 스타디움 공연이 발표된 몇 시간 만에 수만 장의 티켓이 팔렸다.

일반 팬들만 우리를 보고 싶어 했던 것은 아니다. 이제 왬!은 거물들이 보러 올 정도의 화제성과 인지도를 갖춘 밴드가 되었다.

LA 할리우드 파크 공연에는 플리트우드 맥의 스티비 닉스가 우리를 보러 왔지만 알 수 없는 이유로 안전 요원이 입장을 저지했고, 그녀는 화가 많이 나서 항의를 했다. 큰 소동이 있었고 나는 상황을 무마해 보려고 했다. 결국 스티비 닉스를 백스테이지를 통해 입장시켜 공연을 보게 했고 최선을 다해 내가 여신처럼 동경하던 아티스트를 달랬다. 하지만 스티비는 뭐랄까 좀 많이 지치고 감정이 곤두서 있어서 진정시키려는 내 노력이 성공했는지는 확신이 없다.

다른 유명 인사들과의 만남은 훨씬 즐거웠다. 마이애미에서는 비지스가 우리를 보러 왔고 그다음 날 저녁 식사에 초대도 해 주었다. 나중에는 우리에게 〈토요일 밤의 열기〉의 사운드

트랙을 녹음한 스튜디오도 구경시켜 주었다. 미성년 신분으로 왓포드 엠파이어 극장에 <토요일 밤의 열기>를 보러 가고, 그들의 음악을 들으며 수많은 시간을 보낸 우리로서는 그날 그들의 이야기를 들으며 보낸 하루가 커다란 감동이었다.

하지만 내가 정말로 기뻤던 것은 그냥 예전처럼 조지와 시간을 보낼 수 있었다는 사실이다. 우리는 정말 좋은 시간을 보냈다. 왬아메리카! 공연 중 웃고 실없는 장난을 치며 하루 하루를 보내다 보니 학창 시절이 떠올랐다. 미국 투어 내내 우리는 함께 있었고 함께 곤경에 처하기도 하고, 함께 헤어 나오기도 하고, 영문을 모르는 상황에서 서로 상대방의 얼굴을 보며 어이없는 표정을 짓기도 했다. 어떤 음반 레이블이 주관한 행사에서 우리는 알 수 없는 이유로 홍학처럼 분장한 두 여성과 사진을 찍기도 했다.

미국에서 여기저기를 돌아다닌 것도 꿈 같은 경험이었다. 할리우드 파크 공연에 갈 때는 홍보사에서 우리를 위해 창문을 검게 코팅한 대형 리무진을 섭외해 주었다. 여기에 경찰 오토바이의 에스코트까지 받아 높은 분이 행차하듯 공연장으로 이동했다. 드라마 <칩스(CHiPS)>•의 주인공들처럼 파일럿 선

• 1977년에서 1983까지 방영된 미국 드라마. 고속도로 순찰대원들이 주인공이며 한국에서는 기동순찰대라는 제목으로 방영되었다.

글라스와 타이트한 제복을 입은 네 명의 아웃라이더들이 우리 차 측면에서 에스코트하다가 한 대씩 번갈아 가면서 선두에 나서 길을 터 주었다. 조지와 나는 리무진 뒤 바닥에 안 보이게 쪼그려 앉아 난데없는 야단스러운 대접에 어쩔 줄 몰라 키득거렸다.

다시 서로 가까워지면서 우리끼리만 아는 농담을 끊임없이 주고받고, 눈빛을 교환하고, 실없는 소리를 속닥거렸다. 그런 것들이 우리 사이에서 사라졌었던 것이 아니라, 그냥 우리가 투어 때 말고는 예전만큼 자주 만나지 않게 되었을 뿐이라는 생각이 들었다. 저녁에 함께 외출하는 경우도 가끔 있었지만, 같이 있는 시간은 대부분 녹음을 하거나, 홍보활동을 할 때였기 때문이다. 투어 중에는 긴 시간을 방해받지 않고 둘이서만 보내다 보니 금세 학창 시절처럼 서로 편해지고 일일이 말하지 않아도 이해하는 사이로 돌아갔다. 게다가 이젠 함께 있는 귀중한 시간을 어릴 때처럼 숙제하느라 보낼 필요도 없었다.

우리 우정의 근간이 변하지 않았다는 사실은 나보다 조지에게 더 중요했는지도 모른다. 그는 한 번도 여기저기 공연을 다니는 생활을 나처럼 즐기지 않았다. 집 떠나는 것도 싫어했고 매일 떠안는 책임의 무게도 나보다 훨씬 무거웠다. 조지에게 집중되는 관심은 나날이 늘어갔지만, 그래도 그는 점점 더 많은 인터뷰를 하고, 더 많은 방송에 혼자 나가야 한다는 사실을 받아들이기 시작했다. 사실 조지는 말하기를 좋아했고 또 말을 잘하기도 해서 인터뷰나 방송에 도움이 되었다. 함께 인터뷰할 때는 내가 말할 기회를 잡기가 어려울 때도 있었고 그럴 때는 기꺼이 조지가 대화를 주도하게 내버려 두었다.

조지는 미국 투어 성공에 굉장히 고무되어 있었기 때문에 내 의견을 드러내는 것이 무의미하게 여겨질 때가 종종 있었고 특히나 그가 공공연하게 세 번째 앨범 발매 가능성에 대해 이야기할 때는 더 그랬다. 조지는 MTV 출연 때 "우리는 계속 앞으로 나아갈 것이고 변화를 시도할 것"이라고 말했다. 투어 밴드의 실력에 감명을 받은 조지는 더 즉흥적인 접근 방식을 취하고 싶어 하는 것 같았다. "다음 앨범은 라이브 분량을 많이 늘리고 지금보다는 더…, 뭐랄까…. *덜 조심스럽게* 하고 싶어요."

나는 그가 생각하고 있는 세 번째 앨범이 왬!을 역사상 최고의 밴드로 만들어 줄 가능성을 확신했지만, 슬프게도 세 번째 앨범은 나오지 않았다.

우리는 이제 마지막 라운드에 와 있었다. 왬아메리카! 투어 중 우리가 함께한 즐거운 시간들에도 불구하고 조지는 나중에 그때가 특히 힘들었다고 고백했다. 우리는 둘 다 미래에 대해 고민하고 있었다.

우리는 갖고 싶었던 걸 다, 그것도 매우 빠른 시간에 얻었다. 너무 빨리 손에 넣은 성공에 때로는 당황스럽기도 했다. 특히 미국에서의 반응은 어리둥절할 정도였다. 하지만 우리가 미국 고속도로를 달리고 있는 동안, 나는 내가 어린 시절 디 이그제큐티브와 함께 처음으로 사람들 앞에서 연주를 하면서 품었던 꿈들이 이제 이루어졌다는 것을 깨달았다. 이제 더 이상 갈 데가 없었다.

나는 조지가 두려움 없이 솔로로 홀로 서게 될 날이 임박했음을 알고 있었다. 그의 음악적 성장통은 거의 끝나가고 있었다. <판타스틱>, <메이크 잇 빅>, 투어, 라이브 에이드 그리고 아폴로 극장이 그가 조지 마이클이라는 가수로, 멀티플래티넘을 달성하고 그래미상을 수상할 슈퍼스타로 우뚝 서기 위해 필요한 발판을 마련해 주었다.

그렇게 조지 마이클이 솔로 가수로서 나아가는 동안, 나는 그가 물리적으로 변화하는 모습을 지켜보았다. 필라에서 협찬한 짧은 반바지와 크롭 티셔츠, 야구모자는 이제 아련한 추억일 뿐이었다. 대신 몸에 달라붙는 청바지, 목선이 깊게 파인 티셔츠와 가죽 라이더 자켓, 자연스럽게 돋은 수염이 그의 대표적인 스타일이 되었다. 새로운 모습은 그에게 정말 잘 어울렸다. 하지만 그 어떤 것도 진정한 그는 아니었다. 우리가 1970

년대 말 처음 음악을 만들기 시작했을 때, 그는 통통하고 매사가 불안한, 서툰 어린애였다. 그는 자신의 성 정체성에 혼란스러워했고 자신이 매력 없다고 믿었다. 많은 시간과 힘든 노력을 통해 그런 스스로의 이미지를 털어냈지만, 대중의 소비를 위해 그가 구축한 페르소나가 너무 커져 버려서 무대 뒤 진정한 자신을 성장시킬 여유마저 잠식해 버렸다. 자신의 잠재력을 끝까지 실현하고 말겠다는 멈출 수 없는 욕망이 그를 이끌어주었지만 거기에는 대가가 따랐다. 여전히 진정한 자아를 확립하지 못한 상황에서 성공하려는 야망은 다른 모든 것보다 우위를 차지했고, 성공이라는 목표 앞에서는 자신의 성 정체성을 공개적으로 드러낼 수 있는 능력을 키우는 것조차 허락되지 않았다.

비밀을 지키기로 한 그의 결정으로 인해 대중 앞에 드러난 페르소나도 불확실해졌다. 그것이 조지에게 실제로 어떤 영향을 미쳤는지 나는 알 수 없지만, 왬!의 인기로 높아진 세간의 관심을 그가 늘 불편해했다는 것은 알고 있다. 히트곡을 쓰고 불러야 한다는 부담과 더불어 개인으로서의 사생활에 따라붙는 시선까지 감당해야 했다. 모두 왬!의 어린 두 멤버가 실제로 어떤 사람들인지 알고 싶어 했다. 그들은 우리를 압박해 우리 사이의 우정이 어떤 것인지, 그들이 은근히 바라는 대로 우리가 서로 의견이 갈리거나 다투지는 않는지 어떻게 해서든 알아

내려고 했다. 가족 배경에 대해서도 묻기도 했다. 주변에 어떤 여자들이 있는지, 우리가 늘 파티에 미쳐 산다고 멋대로 상상하며 어떤 파티에 가는지 궁금해했다. 대중의 관심을 받는 밴드는 만만한 대상이었지만, 자신의 성 정체성을 숨기고자 단단히 결심한 조지는 그런 관심으로 인해 남들보다 더 심하게 스트레스를 받았다. 게다가 원래 사생활을 내보이는 것을 좋아하지 않는 성격이기도 했다. 우리가 함께 밴드 활동을 하는 동안 조지에게 사귀는 남자가 있었는지 모르지만 적어도 나는 한 번도 그런 사람을 만난 적이 없다. 하지만 조지는 왬아메리카! 공연을 앞두고 자신이 게이라는 사실을 대중들에게 알리면 미국에서 마돈나, 마이클 잭슨 정도의 아티스트들과 경쟁하게 될지도 모를 기회가 날아가 버릴 거라고 걱정했다. 여기에 에이즈의 발현으로 그의 공포심은 배가되었다. 에이즈가 아직 막연한 공포의 대상이었던 시기에 조지에 대해 걱정했던 친구가 나 혼자만은 아니었다. 조지가 끈질기게 시달리다 견디지 못하고 게이라는 사실을 밝힌 것은 1998년이지만, 이미 그 이전인 1993년 파트너 안셀모 펠레파를 에이즈로 잃는 아픔을 겪었다. 너무 힘들었지만 그때는 남들 앞에서 힘들다고 말할 수도 없었다. 게이임을 더 일찍 밝혔더라면, 이후의 인생이 어떻게 달라졌을지 아무도 모르는 일이다.

당시 나는 조지의 커밍아웃이 그렇게 크게 문제가 되지는 않을 거라고 생각했다. 영국 팝 음악과 음반 업계에 수많은 성소수자들이 있었기 때문에 그가 사실을 밝힌다고 엄청난 소동이 일어나지도 않을 것이고 그에게는 무슨 일이 있어도 응원해 줄 친구들이 있으니 괜찮다고 믿었기 때문이다. 하지만 지금 와서 생각해 보면 꼭 그렇지만도 않았다. 나 역시 원치 않는 관심을 지나치게 받았고 신문은 쳐다보기도 싫을 정도였다. 그래서 타블로이드 가십 칼럼을 읽지 않게 되었기 때문에 성소수자들에 대한 그들의 보도 태도가 얼마나 잔혹한지 잘 알지 못했다. 아마 조지가 그 당시 진실을 말했더라면 이후 그에 대한 모든 기사는 그가 게이라는 사실에만 초점을 맞추었을 것이다. 게이 아이콘, 게이 가수, 게이 유명인 등. 그에게 자신의 성 정체성이 중요한 문제였던 만큼, 음악적으로 새로운 기록이 나올 때마다 자신이 게이라는 사실이 언급되는 것을 원치 않았을 것이다. 1980년대는 지금 우리가 살고 있는 세상과 많이 달랐다.

스스로 계획하는 다음 행보를 위해서 조지는 음악적이건 상업적이건 모든 조건이 완벽하게 갖추어지길 원했다. 사생활에 대한 불미스럽고 모멸적인 관심은 그가 가장 피하고 싶어 하는 것이었다. 그때를 돌아보며 내가 조지의 고민에 대해 얼마나 무지했는지 이제야 깨닫는다. 나는 당시 조지가 문젯거리도 아닌 걸 가지고 고민한다고 생각했지만 조지는 세간의 시선을 상대적으로 더 힘들어했고, 그런 그의 성향은 이후 웸! 활동을 마무리하는 방식에 영향을 미쳤다.

웸!을 해체하기로 한 우리의 결정을 사이먼과 재즈도 알게 되면서, 이제는 세계적으로 많은 히트곡을 만든 우리의 이야기에 어울리는 최고의 마지막을 준비하는 일만 남아 있었다. 마지막 콘서트 투어를 발표하면 티켓이 엄청나게 잘 팔릴 것도 알고 있었다. 사이먼, 재즈와 함께 나는 고별 기념 월드 투어라도 해서 전 세계 팬들에게 제대로 작별인사를 하고 가장 빛나는 모습으로 무대에서 내려와야 한다고 생각했다. 나는 군중 앞에서 연주하는 것이 좋았다. 할 수 있다면 끝없이 공연을 하고 싶었지만 조지는 반대했다.

"공연은 딱 한 번만 하고 싶어." 그는 이렇게 말했고 우리 모두는 영문을 알 수 없었다. "작별인사는 딱 한 번, 마지막 콘서트도 한 번이야. 거기서 웸!은 인사하고 떠나는 거야."

당시 나는 조지가 팬들을 대수롭지 않게 여긴다고 생각했다. 나는 우리를 그렇게나 진심으로 안아 준 전 세계의 팬들에게, 그중에서도 특히 호주, 미국, 유럽 팬들에게는 제대로 인사를 해야 한다고 생각했다. 하지만 조지에게는 두 가지 큰 고민이 있었다. 그는 자신의 솔로 커리어 준비로 여유가 없었던 한

편 왬! 안에서의 자신의 이미지에 환멸을 느끼고 있었다. 밴드가 그에게 억지로 떠맡긴 캐릭터는 그에게 심리적으로 어떤 도움도 되지 않았다. 오히려 한동안 그것 때문에 침울해지기도 했다. 조지는 나중에 왬!이 자신을 속박하는 굴레였다고 묘사했다. 그렇게까지 강한 반감을 가지고 있던 조지를 설득하는 것은 불가능했다. 나는 그의 결정을 충분히 이해하고 받아들였다. 사실 그 시기 동안 내가 정말로 언짢았던 유일한 사건은 펩시와 맺었던 3백만 불 넘는 광고 계약 취소였다. 한 편만 찍는 계약이었고 하지 않을 이유가 없었지만 조지는 왬! 이후를 염두에 두고 있었다. 광고 기간이 약 18개월이었기 때문에 그가 솔로 활동 개시를 마음먹은 시점에도 대중의 머릿속에 왬!의 이미지를 여전히 뚜렷하게 각인시킬 염려가 있었다. 조지가 계약을 취소했을 때 나는 화가 났다. 그 정도 광고 계약이면 단회 공연을 준비하는데 드는 막대한 비용을 일부라도 메꿀 수 있었기 때문이다. 하지만 결국 나는 마지못해 동의했다.

그리고 마침내 왬!은 웸블리에서 단 1회 공연을 끝으로 밴드 활동을 끝내기로 했다. 공연 프로그램에는 중국 공연 다큐멘터리 영화를 공연장의 대형 스크린으로 상영하는 시사회도 포함되었다. 1986년 6월 28일로 예정된 우리의 고별 이벤트의 이름은 '더 파이널'이었다. 이제 남은 과제는 팬들에게 우리의 결정을 알리는 일뿐이었다. 18개월 동안 조지의 홀로서기에 대한 수많은 추측이 난무했지만, 우리는 우리들만의 방식으로 팬들에게 알리고 싶었다.

정말 그럴 수 있었더라면 얼마나 좋았을까….

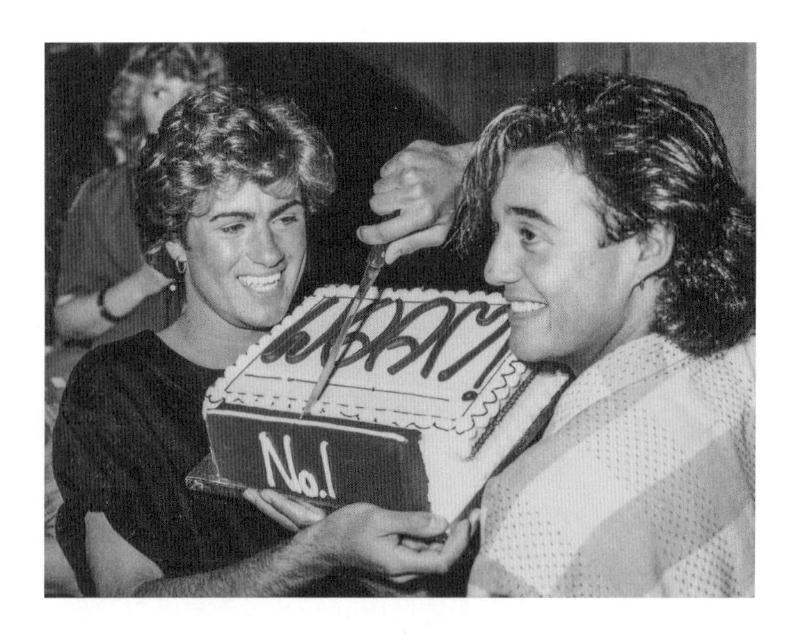

24. 팝스타가 아닌 앤드류 리즐리로 살기

나도 이제는 세상의 관심으로부터 벗어나고 싶어 한다는 것을 이미 스스로 깨닫고 있었다. 유명 팝 밴드의 멤버로 살면서 어쩔 수 없이 겪는 스트레스에 지쳤고 내 사생활에 대한 타블로이드 언론의 계속되는 침해에 화가 났다. 2년만에 처음으로 진지하게 사귀는 사람이 생겼을 때라 더욱 그랬다. 나는 미국의 모델 도나 피오렌티노와 플로리다에서 만났다. 당시 그녀는 <마이애미 바이스>의 주연배우 돈 존슨과 사귀고 있었지만, 우리는 금세 가까워졌다. 만나고 곧바로 사귀게 되면서 우리는 언론의 큰 관심을 끌었고 파파라치가 지속적으로 우리를 성가시게 했다. 심지어 런던 거리에서 오토바이를 탄 파파라치들에게 쫓긴 적도 여러 번 있었다. 조지가 왬!의 세 번째 앨범을 내기로 했었다면 앨범 판매에 도움이 되려니 생각하고 참았겠지만 이제 딱히 신날 것도 없는 더 파이널 콘서트 말고는 아무것도 남지 않은 상태에서 나는 그냥 콘서트 날까지 시간만 보내고 있었다.

나와 도냐의 연애 기사로 조지는 뜻하지 않게 숨 돌릴 여유를 얻었다. 그 역시 여전히 언론의 부담스러운 관심을 받고 있긴 했지만, 나의 행동거지에 워낙 관심이 집중적으로 쏠리다 보니 조지가 솔로 커리어를 내다보고 있던 바로 그 시기에는 상대적으로 자유를 누릴 수 있었다. 왬!에서 조지는 성자의 역할을 맡고 있었다. 내가 계속 죄 많은 인간 역할을 해 온 것이 조지에게는 나쁘지 않았다. 내가 줄곳 언론의 주의를 끄는 바람에 기자들은 조지의 성 정체성 문제에까지 눈을 돌리지 못했다. 조지가 게이라는 사실은 잘 감춰져 왔지만, 그가 게이 클럽에 점점 자주 드나들면서 하나둘 눈치채는 사람들이 생겼다. 팝 음악계에서는 잡지 「*스매시 힛츠*」에서 어시스턴트 에디터로 일하다 펫숍 보이즈로 활동한 닐 테넌트 정도가 알고 있었을 것 같지만, 그 밖에도 더 있었을 것이다. 아주 가까운 소수의 사람 말고는 다들 짐작도 못했기 때문에 실체를 숨기고 살아가면서도 조지가 심리적으로 크게 망가지지는 않았지만, 조금씩 불안한 기색을 드러내기 시작했다. 조지는 여전히 답답해했고 가끔 폭주했다. 친구 데이비드 오스틴과 나이트클럽

밖에서 다투기도 했고, 사진기자를 벽으로 밀치기도 했다. 언론의 관심은 끊임없이 그를 겨냥하는데, 개인적인 삶을 꼭꼭 봉인한 채 살아간다는 것은 꾹꾹 눌러온 답답함이 언제든 터질 수 있다는 의미이기도 했다.

활동 초기에는 나도 언론 홍보활동을 싫어하지 않았다. 인터뷰에서 우리 음악에 관해 이야기하는 것도 대부분 싫지 않았고 「*스매시 힛츠*」나 「*저스트 세븐틴*」 같은 잡지에 실릴 바보 같은 사진도 기꺼이 찍었다. 하지만 그런 나도 질문의 방향이 사생활로 향하면 짜증이 났다. 좋아하는 초콜릿 비스킷이 뭔지 이야기하는 것과 내가 음식점에 갈 때마다 파파라치 기자들이 따라붙어 테이블 주변에 파리떼처럼 모여드는 것은 완전히 얘기가 다르다. 얻는 것이 있으면 잃는 게 당연하다고 말할지 모른다. 언론의 관심은 당연히 왬!이 스타 반열에 오르는 데 도움을 주었다. 이해는 했지만, 그렇다고 1985년 당시 유명인인 우리에게 가해지던 끊임없는 시선과 마주하는 것이 편해지지는 않았다.

그때는 아무도 우리에게 충고하지 않았다. 우리는 20대 초였고, 상상을 초월할 정도로 유명했지만 우리를 이끌어 주고 인터뷰에서 해야 할 말과 하지 말아야 할 말에 대해 조언해 주는 멘토가 없었다. 아무도 우리에게 어디는 가고 어디는 가면 안 되는지 말해 주지 않았다. 사이먼과 재즈는 내가 몇 번 그런 것처럼 나이트클럽에서 고주망태가 되어 끌려 나오면 어떻게 되는지 경고한 적이 없다. 지금 생각해 보면 왜 그러면 안 되는지 너무 뻔하지만, 웸!으로 활동을 시작할 때 나는 겨우 열아홉이었다. 어린 나이였는데도, 우리가 한참 잘나갈 때이기도 해서 기사들은 나를 온갖 별명으로 칭했다. 그들이 "짐승 앤디," "주정뱅이 앤디"라고 나를 불러도 나는 대개 신경 쓰지 않았다. 심지어 내가 눈길조차 주지 않은 여자들이 침대에서의 내 성적이랍시고 10점 만점에 10점이라는 둥 점수를 매겼을 때조차 재미있다고만 생각했다. 하지만 도냐를 만나고, 진지하게 사귀게 되면서 나는 우리의 관계를 방해받고 싶지 않았다. 슬프게도 많은 신문 편집자들은 그런 내 마음을 알아주지 않았고, 우리는 너무 시달려서 삶이 비참해질 정도였다. 돌이켜보면 당시 내게 정말 필요했던 것은 대중적인 관심 속에서 살아가는 위험에 대한 현명한 충고였다. 하지만 나는 혼자서 모든 것을 해결해야 했다.

나는 참아야 하는 상황에서 어리석게 반응했다. 기자들에게 독설을 날렸고, 누가 봐도 술에 취한 모습으로 비틀거리며 파티장을 빠져나가는 모습을 그들에게 보임으로써 보복 공격의 빌미를 제공했다. 스스로 내 등에 칼을 꽂은 셈이다.

그때 나는 순진하게도 사생활과 대중적 이미지가 분리될 수 있다고 생각했었다. 두 가지는 본질적으로 연결되어 있었고, 특히 우리 밴드가 하나의 문화 현상이 되어 버린 후에는 더더욱 그랬다. 나는 피하지 말고 어떻게든 상황을 처리했어야 했다. 하지만 왬!은 너무 유명해져 버려서 우리가 언론에 아무 말도 하지 않아도 언제든 헤드라인에 등장할 수 있는 지경에 이르렀다. 파티나 식당에 가기만 해도 가십 칼럼에 실렸다. 자극적인 기사를 주로 싣는 어느 타블로이드 언론은 '프리덤'이 1위를 했다는 이유만으로 우리를 1면에 실었다.

왬! 활동이 끝나갈 무렵 나는 이제 관심에서 벗어날 수 있다는 생각에 한동안 더없이 즐거웠다. 하지만 조지는 새로운 음악적 커리어를 만들어갈 계획이었던 반면, 왬! 이후의 인생에 대해 내가 생각해 놓은 것이라고는 자동차 레이싱을 해볼까 하는 정도였다.

나는 오랫동안 레이싱 팬이었고 어릴 때는 <브리티시 그랑프리>를 TV에서 중계해 줄 때마다 자주 보곤 했다. 나는 에머슨 피티팔디, 재키 스튜어트, 제임스 헌트 등 1970년대 포퓰러 원 스타들을 좋아했다. 모든 레이스마다 극적인 재미와 짜릿한 감동이 있었다. 삼촌 둘도 열렬한 모터스포츠 광이라서 나와 동생을 브랜즈해치 경기장에서 열리는 모임에 데리고 다녔다. 피트 삼촌이 클럽 레이서로 활동했던 시기에 나의 관심은 더 증폭되었다. 나는 이전에 르노5 챔피언십 레이스에 초대된 적이 있었는데 모든 것이 순조롭다가 그만 첫 웜업랩•에서 내 차가 진흙탕에서 회전하는 바람에 안전장벽에 부딪치고 말았다. 하지만 레이싱에 대한 나의 관심을 눈여겨 본 사람들이 있었다. 투 포 스포츠라는 모터스포츠 홍보회사가 내가 어쩌면 본격적인 레이서로서의 재능을 가지고 있을지 모른다고 생각하고 정식 싱글시터•• 경기에 도전해 보지 않겠냐고 제안해 왔다.

당시 자동차 레이싱은 제대로 된 경력이라기보다 신나는 기회 정도로만 여겨졌다. 하지만, 왬!으로만 살던 내게 커다란 전환이기도 해서 나는 최선을 다해 보기로 결심했다. 담당팀과 엔지니어, 기술자들의 노고를 생각하면 최선을 다하지 않을 수 없었다. 안타깝게도 출발선에 서보기도 전에 문제가 발생했다. 시험주행에서 어느 정도 가능성을 보인 후, 나는 시즌 내내 출전하기로 했지만, 계약서에 사인을 한 후 내 무대 공연을 위한 보험계약, 즉 다음 해 여름 더 파이널 무대를 위해 가입한 보험계약에 스카이다이빙, 스키, 모든 종류의 자동차 레이싱을 포함한 위험한 스포츠 행위를 금지하는 조항이 있었다. 그래서 더

• 레이스 시작 전 트랙을 한 바퀴 도는 주행 - 역주

•• 국제자동차연맹이 정한 규격에 맞는 1인용 레이싱 카 - 역주

파이널 콘서트 전 3개월 동안 나는 레이스에 출전할 수가 없었다. 출발부터 꼴이 우스워졌고, 좋은 기회는 다시 오지 않았다.

하지만, 한번 하기로 마음먹은 만큼 나는 일단 밀고 나가기로 했다. 1986년 초에는 시즌 전 테스트를 위해 프랑스 남서부 노가로 경기장까지 날아갔다. 그런데 거기서도 느닷없이 일이 터졌다. 2월의 어느 춥고 습한 아침, 나는 난생처음 레이싱 카에 앉아 긴장된 눈으로 정면에 펼쳐진 레이스 트랙을 바라보고 있었다. 아스팔트 위에 얼음이 얇게 덮여 있어서, 회전이나 사고의 위험이 높았다. 내가 피트레인•••을 따라 트랙에 진입할 준비를 하고 있을 때 경기장 관계자가 운전석 위로 몸을 숙였다.

"어, 리즐리씨, 관제실에 전화가 와 있어요. 런던에 있는 변호사래요."

믿을 수가 없었다. 살얼음 깔린 미끄러운 레이스 트랙을 미친 속도로 달리는 것만으로도 불안해 미칠 지경인 내게 멀리 런던에 있는 사람들이 느닷없이 훼방을 놓다니. 좌석벨트를 풀고 위층으로 올라간 나는 놀라운 소식을 들었다. 조지가 사이먼과 재즈를 해고했다는 소식이었다. 왬!이 해체된다는 소식을 들은 사이먼과 재즈는 자신들이 운영하던 매니지먼트 회사를

••• 타이어 교체, 연료 보충, 셋업 변경을 위해 팀별로 할당된 공간을 피트라고 하고 피트에 인접한 차선을 피트레인이라고 한다. - 역주

5백만 달러에 팔기로 했는데 매입사의 소유주 중 하나가 논란의 선시티 리조트• 배후 인물로 알려진 솔 커즈너였다. 소식을 들은 조지는 폭발했다. '왬! 선시티에 매각되다'라는 기사는 상황을 더욱 키웠다. 이후 사이먼은 매입사가 남아프리카의 인종차별주의자들과 연관된 줄 몰랐다고 말했다. 사실 그의 입장에선 억울할 법도 한 것이 좀처럼 드문, 그다지 않은 실수였지만, 사이먼에게는 안타깝게도 돌이킬 수 없는 실수가 되고 말았다. 조지와 나는 음악 인생 최대의 중요한 순간을 앞두고 느닷없이 선장을 잃은 배가 되었다.

"어떻게 하시겠습니까?" 변호사가 초조하게 물었다. "다들 당신의 대답을 기다리고 있습니다…."

나는 말문이 막혔다. 최악의 조건에서 난생처음 포뮬러3 레이싱 카를 몰게 된 순간 난데없이 품으로 폭탄이 날아든 기분이었다. 나는 몸이 바닥으로 가라앉는 느낌이었다. "*어떻게 하겠냐고요?* 글쎄요, 지구에서 사라져버렸으면 딱 좋겠네요! 생각할 시간 좀 주세요."

결국 나는 불쌍한 조지에게 문제를 떠넘겼지만, 그것 역시

• 1979년 남아프리카 공화국 북서부에 세워진 백인 전용 호화 리조트. 80년대 남아프리카의 인종차별 정책으로 UN 문화제재 대상이 되어 예술인들이 현지 공연을 보이콧하자, 막대한 돈을 주고 유명 뮤지션들을 초청했는데 다수의 유명인이 이 무대에 섰다가 논란의 대상이 되었다. - 역주

의도치 않은 결과로 이어지고 말았다. 파급효과는 악몽이었다. 사이먼과 재즈의 매니지먼트 회사와 결별한다는 사실을 발표하는 자리에서 조지와 내가 결별한다는 추측이 또 나왔다. 물론 이번 단 한 번만큼은 언론의 추측이 옳았지만, 우리가 원하는 방식으로 밴드 활동을 마무리하려던 계획에 차질이 생기고 말았다. 신문은 온통 웸! 결별 소식으로 도배되었다. 조지는 어쩔 수 없이 고별 콘서트 계획을 밝힘으로써 사실을 인정할 수밖에 없었고, 동시에 내가 왜 곁에 없는지도 해명해야 했다.

"유감스럽게도 앤드류는 지금 모나코에서 레이싱을 하고 있습니다." 그는 토크쇼 도중 진행자 마이클 애스펠에게 말했다. "그러니까 어쩌다 보니 제 발표가 마치 매니지먼트와의 계약 해지에 반대하는 앤드류를 내가 떠나기로 한 것 같이 들렸겠지만 그건 사실이 아닙니다. 앤드류와 저는 다음 주 로스앤젤레스에서 만나서 웸! 마지막 싱글 앨범을 녹음할 것이고 콘서트도 예정대로 진행할 겁니다…. 우리 둘 사이에 어떤 문제도 없습니다. 그냥 언론에서 오랫동안 그러길 바라 온 거예요…. 계획한 대로만 된다면 아마 팝 역사상 가장 우호적인 결별이 될 거라고 생각합니다."

마침내 마지막 콘서트 티켓 예매가 시작되자, 수백만 팬들이 티켓 판매처에 전화를 해댔다. 웸블리 공연을 열두 번 해도 다

매진되고 남을 정도였다.

더 파이널 콘서트는 그해 가장 빨리 매진된 공연이었다.

우리의 마지막 싱글, '디 에지 오브 헤븐'은 1986년 6월에 발매되었다. 성적인 내용을 노골적으로 담고 있다. 이런 가사도 있다.

나는 오늘만 사는 미치광이 같아.

나는 당신 문 앞에서 짖어대고 있는 멍멍이 같아.

왬!의 후반기에 조지가 작곡한 곡들이 대부분 그렇지만, 시간이 지나도 사랑받는 흥이 넘치는 곡이다. 전 해에 왬아메리카! 공연 내내 이 곡을 연주한 후 '디 에지 오브 헤븐'은 나의 라이브 연주 선호곡 1순위가 되었다.

시각적인 부분에서 이 곡의 뮤직비디오는 조지 마이클의 전형적인 스타일을 확립하는 데 일조했다. 그다음 해 솔로 앨범으로 데뷔할 때도 이 뮤직비디오에서처럼 가죽 바이커 재킷과 보일듯 말듯 살짝 기른 수염을 고수했다. 왬!이 끝을 향해 가고 있는 동안, 슈퍼스타로서의 그의 진화에는 가속도가 붙었다.

하지만 나는 여전히 어떤 면에서 우리가 팬들을 배신했다는 느낌을 지울 수 없었다. 앞서 적었듯이 단 한 차례의 고별공

WHAM!
28/6/86

THIS PORTION TO
BE GIVEN UP AT
TURNSTILES

E

9849

MEL BUSH PRESENTS

PLUS SUPPORT

SATURDAY, 28 JUNE, 1986

GATES OPEN AT 2p.m.

Concert starts approx. 4 p.m.

Subject to Licence

TICKETS £13.50 INCL. VAT

TURNSTILES

E

9849

TO BE GIVEN UP

TO BE RETAINED

ISSUED SUBJECT TO THE
CONDITIONS ON BACK

연으로 활동을 끝낸다는 점이 마음에 걸렸다. 마지막으로 월드 투어를 했다면, 그래도 여전히 해외 팬들의 기대에는 못 미쳤겠지만, 제대로 인사할 수 있는 정말 좋은 기회가 됐을지도 모른다. 안타깝게도 조지에게는 그럴 여력이 없었다. 왬! 활동으로 인해 감정적으로 고갈된 상태에서 '배드 보이즈'나 '영 건즈' 같은 곡을 부르며 미국 전역을 다시 한 번 돌고 오는 공연은 무리였다. 사실 나 역시 공연이 너무 하고 싶긴 했지만 거기까지가 한계였는지 모른다. 또 한 번 투어를 한다는 것은 결국 언론과 TV에 얼굴을 내밀고, 내 사생활을 파고드는 집요한 시선과 다시 마주해야 한다는 뜻인데 그럴 자신이 없었다. 어느새 탈출이 나의 새로운 목표가 되었다.

브릭스톤 아카데미에서 두 차례 워밍업 무대를 가진 후 마침내 그날이 왔다. 나는 또 지각을 하고 말았다. 공연 리허설과 더 파이널 앨범 사전 작업을 하는 몇 주 동안 나는 촐리우드에 있는 친구 집에서 지냈다. 친구 몇 명과 공연장까지 함께 가기로 하고 웸블리까지 몰고 갈 차도 빌렸지만, 시간이 조금씩 지체되고 말았다. 결국 예정보다 늦게 출발했고 런던 외곽을 레이스하듯 차를 몰아 마침내 웸블리의 상징인 트윈타워가 멀리 보였을 때 나는 겨우 마음을 놓았다. 하지만 갑자기 백미러에 경광등을 켠 경찰차가 보이더니 우리 차를 갓길에 대라고 지시했다. 속도를 너무 냈던 것이다. 창피해서 죽을 것 같았다. 웸블리 파크 지하철역이 바로 코앞이어서 지하철역에서 나온 웸! 팬들이 웸블리 스타디움으로 연결된 도로를 가득 메우고 있었다. 나는 웸! 티셔츠를 입은 젊은이들을 가득 실은 버스 뒤에 차를 세웠고, 버스에 탄 사람들은 유리창 밖에서 무슨 일이 벌어지는지 아무것도 몰랐다.

"선생님, 얼마나 빨리 달렸는지 아세요?" 경찰이 메모 패드를 꺼내며 물었다.

나는 고개를 들었다. 버스 뒷좌석에 앉은 여자애 하나가 상황을 깨달은 것 같았다. 그녀는 입을 벌리고 나를 빤히 보더니 금방이라도 소리를 지를 것 같은 표정이었지만 다행히 소리는 지르지 않았다.

"어, 경관님…. 이러면 안 되는 줄 아는데요, 제가 사실 오늘 여기에서 콘서트를 하는데 좀 늦었어요." 나는 앞으로 벌어질 난리 법석을 감지하고 버스를 가리켰다.

경찰이 겨우 상황을 파악하고 말했다. "그럼 혹시…?" "아, 그렇군요, 리즐리씨…, 이번 일은 정상참작이 가능한 사정이 있었던 것으로 보고 보내드리겠습니다."

그는 메모 패드에 뭔가를 끼적였다. "그래도 딱지는 뗄 테니, 그렇게 아세요."

나는 기꺼이 받아들였다. 공연장 밖에서 군중들에게 에워싸일지 모르는 상황에 몰렸는데 벌점과 벌금 따위가 대수일 리가.

더 파이널 콘서트의 무대 뒤 풍경은 기분이 이상해질 정도로 익숙했다. 펩시와 셜리가 자신들의 대기실에서 준비를 하는 동안, 조지와 나의 대기실에는 머리카락 타는 냄새가 은은하게 풍겼다. 조지가 헤어 스트레이트너로 자신의 머리를 그슬리는 걸 옆에서 지켜보며 기다리는 것도 정말 이번이 마지막일까? 별로 떨리지도 않았다. 나는 원래 공연을 앞두고 별로 긴장하지 않는다. 하지만 우리가 한 시대의 끝을 향해 가고 있다는 자각은 대기실의 행복하고 편안한 분위기 때문에 희석되었다. 새로 편집한 중국 공연 다큐멘터리 〈포린 스카이즈〉가 기록적인 규모의 관객 앞에서 최초 상영되고 있는 동안 조지와 나는 무대 뒤에서 인터뷰를 했다.

"*팬들은 어떻게 하죠? 감사의 마음을 담은 콘서트인 거죠?*"

"너무 감사하죠. 특히 티켓을 구하지 못하신 분들께요. 마지막으로 만날 수 있었으면 좋았을 텐데…."

"*해체하는 데 후회는 없나요?*"

"전혀 없어요." 조지가 말했다.

카메라가 돌아가는 동안, 나는 조지의 목을 조르는 시늉을 했다.

조지는 공연이 끝나고 소리치는 팬들로 가득한 무대를 뒤로 한 채 대기실로 돌아가면서 울컥 슬픈 감정이 복받쳤다고 말했다. 우리 인생의 한 챕터에 막이 내렸고, 희미한 아픔으로 남을 순간이었다. 무슨 일이 있건, 우리의 관계가 다시는 예전과 같을 수 없다는 자각도 있었다. 나는 그의 기분을 어느 정도 이해할 수 있을 것 같았다. 학교 친구로, 밴드 동료로 10년을 함께 보낸 두 사람이 각자의 길을 가기로 했다는 것은 이제부터 두 사람 모두 이전과 아주 다른 삶을 살게 된다는 의미였다. 하지만 나는 동시에 우리 관계의 본질은 어쨌든 그대로일 거라고 믿었다. 친구로서 인연을 끊는 것이 아니었고, 더 파이널 공연 몇 시간 후에는 가장 가까운 친구로서 함께 파티에 가기로 되어 있었다.

콘서트 프로그램에 나는 이렇게 소감을 적었다. "우리 모두 꿈을 꾸다 말고 잠에서 깬다." 몇 달 동안 신비한 *미지의 세계*에 다녀온 것 같았고, 그 순간까지의 시간이 모두 꿈속 같았다. 하지만 그게 끝이었다.

왬!은 거기까지였다.

여름이 가고 가을에 접어들면서 우리는 예전처럼 자주 만나지 않게 되었지만, 그래도 가끔 만나면 여전히 그대로였다. 우리만 아는 농담을 하면서 웃고, 늘 그랬듯 티격태격 옥신각신

주거니 받거니 했다. 그러나 여전히 마지막 말을 받아들일 준비가 되어 있지 않았다. 우리 둘 모두 우정이 변함없을 것이라는 확신이 있었고, 그러면서도 나는 가끔 내 친구가 걱정되었다.

파이널 공연 몇 달 후 미국에 있는 조지를 보러 갔을 때 그는 매우 침울해 보였다. 아마 '*페이스*'를 쓰고 있을 때였던 것 같다. 우리는 몇 번 밖에서 만났고 몇 번은 꽤 늦은 시간까지 함께 있었다. 내가 미국에 있는 동안 조지가 새 앨범에 넣을 곡이라며 '키싱 어 풀'을 들려주었다. 나는 완전히 반하고 말았다. 처음 듣자마자 곡이 너무나 마음에 들었고 조지의 앞날에 밝고 신나는 미래가 있다고 생각했다. 하지만 그렇게 원하던 솔로 아티스트로서의 야망을 위해 마음껏 달려갈 자유가 생겼음에도 그는 힘들어 보였다. 다시 자기 회의에 빠진 것이다. 왬!이 내리막길을 걸을 때, 조지는 자신감을 키웠지만, 이제 조지 마이클이 된다는 것이 진정 의미하는 바가 무엇인지를 놓고 고민하고 있었다. 스스로 지금 어디까지 와있는지, 그 길이 맞는지 몰라 불안해했다.

조지는 여전히 자신이 게이라는 사실을 공개하면 안 된다고 생각했지만, 그가 선택한 길을 간다면 결국 앞으로도 더 유명해질 일만 남아 있었다. 앞으로의 더 큰 성공이 가져다줄 모든 결과에 직면해야 했고, 그것은 왬! 안에 있을 때보다 훨씬 더 큰 스트레스를 감당해야 한다는 의미였다. 나는 조지에게 내 생각을 솔직히 털어놓았다. 그도 분명 이미 알고 있었겠지만, 행복해지고 싶다면 재능을 원 없이 발휘해야 하고, 그에게 만족과 보람을 느끼게 하는 일이 있다면 그건 곡을 쓰는 일이라고 말해 주었다. 그에게 선택의 여지는 없었다. 이제 조지에게 남은 길은 단 하나, 동시대 최고의 싱어송라이터의 자리를 차지하는 것뿐이었다.

25. 당신은 사랑받았습니다

왬! 이후 내 인생은 한두 번 예기치 못한 변화를 겪었다. F3 레이서로서의 삶은 짧게 끝나버렸다. 1986년 첫 시즌에는 완주 횟수보다 사고 횟수가 더 많았고 불쌍한 우리 팀 크루들은 하룻밤만에 차를 고쳐내야 하는 경우가 드물지 않았다.

배우가 되려고도 생각해 보았지만 연기 코치가 우는 연기를 시키려고 어머니가 돌아가신 상상을 해보라고 하는 바람에 포기했다. 이후에도 할리우드로부터 한두 번 제안이 있었지만 내 길이 아닌 것 같았다. 뮤직비디오 촬영도 그렇게 싫어했으면서 애초에 발을 들여놓은 게 용할 정도다.

1988년에는 다시 곡을 써보기 시작했다. 데모 몇 곡을 왬!의 예전 레이블인 에픽 레코드에 보냈더니 앨범을 만들자고 제안해왔다. 나는 일단 싱글을 발표해서 반응을 보고 싶었지만, 음반 시장의 흐름이 변했고 곡을 발표하려면 LP 앨범이 나와야 했다.

그래서 그다음 해 나는 솔로 앨범(*Son of Albert*)을 녹음하기 위해 스튜디오로 돌아갔다. 기분이 좋았다. 런던과 LA를 오가며 여러 스튜디오를 거친 녹음 과정은 1년 조금 넘게 걸렸고 뿌듯하고 재미도 있었다. 그중 '셰이크'라는 곡은 이전 디 이그제큐티브 시절 동료인 데이비드 오스틴과 함께 썼다. '레드 드레스'라는 또 다른 곡은 사전 작업해 놓은 결과만 들어본 조지가 마음에 든다며 백 보컬로 참여하겠다고 제안했다. 마침 내가 연결 파트 보컬 때문에 애를 먹고 있는데 그가 뭐라도 도와준다며 갑자기 들렀다. 그가 두 팔을 걷어붙이고 도와주는 바람에 우리는 단시간에 작업을 완벽하게 마무리했고, 내 리드 보컬과 조지의 백 보컬 녹음까지 끝냈다. 조지는 스튜디오까지 와서 도와주었는데 스튜디오에서는 마치 자기가 그곳의 대장이라는 듯 믹싱 데스크를 장악했다. 예전으로 돌아간 것 같았다.

하지만 그때 조지는 이미 성공한 솔로 가수로 당당히 자리 잡고 있었다. 그의 첫 솔로 앨범 *페이스*가 1987년에 나왔고 그 앨범으로 그는 자신이 늘 원했던 뮤지션으로서의 입지를 확고하게 다졌다. 가죽 재킷에 달라붙는 데님과 파일럿 선글라스는 이제 그의 일부처럼 보였다. 하지만 늘 그렇듯 그의 성공을 가능하게 한 것은 곡의 완성도였다. 나는 조지의 대표적인 솔로곡들을 발표 전 작업 단계에서 미리 들을 수 있었다. '아이 원트 유어 섹스', '페이스', '파더 피겨', '키싱 어 풀' 등 모두 클럽 판타스틱 투어에서 우리에게 속옷을 던지던 십대 소녀 팬들을 넘어 폭넓은 팬들로부터 사랑을 받았다.

조지는 이제 스튜디오 녹음 과정을 마음대로 지휘할 수 있었지만 '레드 드레스'에 살짝 드리워진 스타의 후광에도 불구하고 〈선 오브 앨버트〉 앨범은 결국 성공하지 못했다. 영국 차트에는 거의 흔적도 남기지 못했고 호주에서만 타이틀곡 '셰이크'가 겨우 20위권에 진입했다. 실망스러운 결과였고, 나는 이제 음악에는 영원히 발을 들여놓지 않기로 했다.

하지만 딱 한 번 기억에 남는 예외적인 순간이 있었다.

1991년 초, 조지가 솔로 가수로서 두 번째 투어를 시작했다. 북미와 남미, 일본, 캐나다, 영국 무대가 계획되어 있었고, 조지는 투어 이름을 '커버 투 커버'로 지었다. *페이스* 앨범과 왬! 시절 발표한 앨범에서 선별한 곡들 외에도 조지는 이글스, 스티비 원더 등 뮤지션들의 곡을 비롯해 '파파 워즈 어 롤링 스톤', '레이디 마말레이드' 등 자신이 가장 좋아하는 곡들을 자기 방식대로 재해석해 부르기로 했다.

운 좋게 리허설을 보게 된 나는 그가 부른 두비 브라더스의 노래(What a Fool Believes)를 듣고 넋이 나갔다. 싱어로서 그의 재능 가운데 하나가 바로 최고를 모방하는 능력이었다. 열네다섯 살 어린 나이에도 그는 침실에 있던 녹음기 앞에서 프레디 머큐리나 엘튼 존 같은 가수들의 노래에 도전했다. 이제 넋을 잃고 서 있는 내 앞에서 그는 세상에서 제일 어렵다고 누구나 인정할 만한 곡을 완창했다. 마이클 맥도널드의 오리지널도 명곡이지만, 조지의 해석도 원곡보다 더 훌륭했으면 훌륭했지 결코 뒤지지 않았다. 곧이어 라이브 무대에서 관객들의 반응을 볼 기회가 왔다.

버밍엄 NEC에서 몇 차례 공연으로 포문을 연 조지는 브라질로 날아가 대규모 록 인 리우 축제 무대를 빛냈다. 그는 20만 관중이 모인 마라카낭 주경기장 무대로 나를 초대했다. 마라카낭에 비하면 웸블리 공연은 마을 잔치로 여겨질 정도였다. 나는 당시 흉부 염증 때문에 고생하던 중이어서 행복했던 시절을 되살릴 수도 있었을 좋은 기회가 다소 아쉽게 지나가 버렸다. 하지만 오랜만에 기타를 매고 최고의 전성기에 다가서고 있는 조지와 함께 다시 무대에 서는 것은 대단한 경험이었다. 우리는 '아임 유어 맨'을 불렀고 이어 조지의 두 번째 솔로 앨범에 수록된 '프리덤90'을 불렀다. 역대 최대 규모의 관객 앞에서 마지막으로 함께 무대에 선 것은 괜찮은 마무리였던 것 같다. 함께 했던 왬! 시절 이후 조지가 어떻게 변해왔는지를 직접적으로 이야기하는 '프리덤90'을 함께 연주한 것도 우리 밴드의 이야기를 매듭짓기에 완벽한 선택이었다.

이어진 커버 투 커버 공연의 무대들은 다른 아티스트들의 노래를 부를 때에도 그의 가수로서의 재능에 한계가 없다는 것을 보여준 훌륭한 무대였다. 글로벌 청중들 앞에서 그가 부른 커버 버전들은 솔로 아티스트로서 조지의 커리어에서 가장 기억할만한 순간을 만들어 주었다.

1991년 11월 프레디 머큐리가 에이즈로 사망했다. 그다음해 4월 퀸의 나머지 멤버인 기타리스트 브라이언 메이, 드러머 로저 테일러, 베이시스트 존 디컨은 수익금을 모두 에이즈 연구에 기부하는 콘서트를 기획했다. 멤버들은 프레디를 대신해 데이비드 보위, 엘튼 존, 애니 레녹스, 액슬 로즈, 로버트 플랜트를 포함한 최고의 가수들과 무대를 꾸몄다. 여기에 조지도 초대되어 '섬바디 투 러브'를 부르게 되었다. 조지가 동경하던 노래였고, 우리 두 사람에게 그 곡이 얼마나 중요한 의미를 지녔는지 프레디 머큐리에게 알려 주고 싶었던 그 곡이었다. 조지가 사랑한 퀸의 모든 것을 집약한 곡이기도 했다. 프레디 머큐리의 목소리는 믿을 수 없을 정도로 특별하고, '섬바디 투 러브'

는 퀸의 곡 중에서도 최고지만, 조지는 기타 연주 파트의 클래식 음악적 요소들도 좋아했다. 조지와 나는 그 점에 대해 여러 번 이야기를 나눴다. 비록 라이브 에이드에서 프레디 머큐리에게 마음을 전할 기회를 놓치긴 했지만, 엘튼 존의 파티에서 브라이언 메이 옆에 앉았을 때는 기회를 놓치지 않았다. 저녁을 먹으면서 브라이언 메이는 친절하게도 1979년 알렉산드라 팰리스 공연이 얼마나 대단했는지, 그의 밴드가 어린 시절 내게 얼마나 중요한 의미였는지를 끝도 없이 떠들어대는 내 수다를 다 받아 주었다.

웸블리에서 프레디 머큐리의 자리에 서는 것이 조지에게는 말할 수 없이 큰 부담이었겠지만, 그 자리를 꿈이라도 꿔볼 수 있는 아티스트는 많지 않았다. 웸블리에서 자신의 우상이 불렀던 곡을, 그것도 퀸의 다른 멤버들이 연주해 주는 무대에서 부르는 것은 가슴 뛰는 경험이었을 것이다. 프레디 머큐리가 잔혹한 질병으로 너무 일찍 떠났다는 사실도 그날의 벅찬 감정에 무게를 더했다.

공연 날 나는 도닝턴 레이스트랙에서 슈퍼바이크 월드 챔피언십을 보고 집으로 돌아가는 길이었다. 추모 공연은 라디오로 생중계되었고, 조지의 이름이 불릴 때 나는 M1 고속도로를 타고 남쪽으로 차를 몰고 있었다. 웸블리에 울려 퍼지는 관중의 함성이 내 차에도 가득 울렸다. 볼륨을 높이고 친구의 위대한 무대를 듣고 있으니 소름이 돋았다. 힘차고, 감동적이고, 놀라울 정도로 감정에 깊이 파고드는 무대였고 조지의 목소리는 놀라웠다. 라이브 에이드에서 부른 '돈트 렛 더 선 고즈 다운 온 미'가 모든 이들에게 가수로서의 그의 능력을 보여줬던 것처럼 '섬바디 투 러브'는 그가 자신의 노래를 부를 때도 보여주지 못한 경지까지 그를 끌어 올려주는 이상한 힘이 있었다. 내 인생 최고의 친구가 나와 함께 경탄했던 노래를 부른 그 순간은 내 인생에서 음악으로부터 가장 큰 감동을 받은 순간이었다.

아주 잠깐이지만 아플 정도로 간절하게 갈망한 순간이기도 했다. 나도 거기서 연주하고 싶었다. 부러움이나 후회가 아니라 그냥 내가 무대를, 내 행동 하나하나를 눈으로 좇는 수많은 관중 앞에서 연주하던 때를 얼마나 그리워하는지에 대한 깨달음이었다. 그 깨달음은 짧은 순간이지만 오래된 욕망에 불을 붙였다. 나이가 들고, 왬!으로 활동하던 시기로부터 점점 멀어질수록 그런 갈망은 한순간 스쳐 지나갈 뿐이었지만, 그날 고속도로를 달리면서 다시 한번 생생하게 느꼈다.

그렇다고 행동에 옮기지는 않았다. 리우에서 조지와 함께 마지막으로 올랐던 그 무대가 나의 파이널, 최후의 무대로 남을 테니까.

2016년 크리스마스 오후 4시 무렵, 내 휴대폰이 울렸다. 나는 런던에서 친구들과 함께 크리스마스를 보내다가 방금 조지에게 문자를 보낸 직후였다. 몇 해 전부터 조지가 온갖 종류의 간식이 가득 든 크리스마스 햄퍼•를 매년 보내주고 있어서 고맙다는 말을 하고 싶었다. "요그, 늘 보내주는 크리스마스 햄퍼 고마워! 크리스마스 즐겁게 보내길 바란다. 새해에 한번 보자. 언제, 어디서 보면 좋을지 알려줘 ㅎㅎ." 5분도 채 안 돼 내 전화가 울렸다. 조지의 여동생 멜라니였다. 나는 솔직히 멜라니가 크리스마스 인사를 하려고, 아니면 조지 가족이 다 함께 모여 있다가 언제 한번 다 함께 모이자는 말을 하려고 전화를 한 줄 알았다. 끔찍한 소식을 듣게 되리라고는 짐작도 못 했다.

"앤드류, 이런 말 전하게 돼서 정말 안됐지만, 조지가 죽었어."

나는 명치를 한 대 얻어맞은 것 같았다. 마치 발밑에 세상이 무너져 내리는 것 같았다. 너무 기가 막혀서 내가 방금 들은 말이 무슨 뜻인지 이해할 수가 없었다. 무슨 일이 어떻게, 어디서 벌어졌는지 상세하게 전해 들었다. 내 가장 친한 친구가 크리스마스에 죽었고 그의 여동생은 전화로 내게 상황을 설명해야 했다. 멜라니가 어떤 마음이었을지 상상도 할 수 없었다. 수

• 명절 등 특별한 날에 바구니에 음식을 채워 주고받는 선물 - 역주

많은 사람들의 집으로 전화를 해서 똑같은 참담한 소식을 전하고 또 전해야 하는 그 심정. 하지만 멜라니는 침착하고 품위 있게 전해야 할 말을 소상히 전했다.

나는 전화기를 내려놓고 크나큰 슬픔에 몸을 웅크리고 흐느끼기 시작했다.

게다가 크리스마스라니. 조지는 크리스마스를 좋아했고, '라스트 크리스마스'는 매년 명절이 다가오고 있음을 알리는 신호 같았다. 처음 발매된 이후 30년 넘게 어디를 가나 그 멜로디가 들려왔다. 매년 크리스마스 시즌이면 라디오 선곡표에 빠지지 않고 들어가는 곡이기도 했다. 시간을 초월한 명곡을 만들고 싶다는 조지의 바람이 이루어졌기 때문이다. 폴 매카트니의 '원더풀 크리스마스'나 슬레이드의 '메리 크리스마스 에브리바디'처럼 '라스트 크리스마스'는 사람들이 크리스마스와 함께 품는 가족, 나눔, 축하, 사랑을 포함한 모든 것들의 동의어이기도 했다.

이제 그 노래는 조지의 죽음을 떠올리게 하는 노래가 되었다.

나는 친구들에게 전화해 비보를 알렸다. 몸이 떨렸다. 상황을 이해하면 할수록 재앙 같았고 현실로 받아들이기가 어려웠다. 이후 며칠 동안 나는 상실감에 빠져 런던에 머물렀다. 기자들이 콘월에 있는 우리 집으로 몰려왔기 때문이다. 하지만 그 당시에는 조지에 대해 말할 수 있는 입장이 아니었다. 슬픔에 짓눌리는 기분이었다. '라스트 크리스마스'가 차트 1위를 차지할 수 있도록 신문사에서 모금 운동을 한다는 말도 나왔지만, 조지의 가족도 나도 그동안 일부 언론이 조지를 얼마나 괴롭혔는지를 생각하면 박수를 쳐줄 수가 없었고 게다가 조지의 죽음을 가지고 이러쿵저러쿵 이야기가 흘러나온 후에는 더욱 언짢았다. 소셜 미디어에서는 너도나도 각자 생각하고 느낀 것들을 쏟아냈다. 그의 죽음을 둘러싼 정황이 불확실하다는 점은 상황을 더 고통스럽게 만들었다. 마음을 확실히 정리할 수 없는 가운데 슬픔은 너무 생생했다. 결국 심장 이상이 공식적인 사인으로 기록되었지만 여전히 많은 의문이 남았다. 그는 당시 건강 상태가 양호했고, 그가 죽기 전날 밤에 관해서도 저마다 이야기가 달랐다. 지금 생각하면 우리는 실제로 무슨 일이 있었는지 영원히 알 수가 없을 것 같다. 우리의 삶을 누가 지켜보고 기록하는 것이 아니므로 누군가 혼자 있다가 죽으면 어떤 문제들은 영원히 답을 알 수 없게 되어 버릴 수도 있다. 그래도 여전히 마음이 편치 않다. 유가족들의 심정은 어떨지 상상도 가지 않는다.

2017년 2월 브릿 어워즈• 시상식에서 조지를 위한 헌사를 낭

• 영국 음반산업협회에서 수여하는 상 - 역주

독할 기회가 주어진 것은 내게는 너무나 큰 의미가 있었다. 헌사를 낭독하도록 요청받은 것도 기쁘고 영광스러웠다. 헌사 낭독은 내게 꼭 해야만 하는 과제였다. 조지의 팬들, 그리고 대중들의 입장을 대변해야 한다는 마음이 있었다. 팬들을 위한 공개 추도 행사는 따로 준비되지 않았지만, 조지와 그의 음악을 사랑했던 사람들에게는 마지막으로 그를 보내는 정리의 시간이 필요했다. 나는 그런 팬들의 입장에 공감했다. 그의 죽음이라는 큰 사건을 겪고도 의지할 만한, 눈에 보이는 대상이 아무것도 없었기 때문이었다. 나는 그 공백에 대해 책임을 느꼈고 그래서 브릿 어워즈 시상식에서의 헌사는 내게 큰 의미가 있었다.

펩시와 셜리도 나와 같은 마음이었고 그래서 시상식이 열린 O2 아레나 무대에 나와 함께 나가 장내를 가득 메운 사람들 앞에서 조지에 대한 경의를 표현했다. 셜리는 너무 슬퍼서 행사 내내 버티기 힘들었지만 우리 셋이 해야만 하는 일이었고, 모두가 느끼는 사랑과 슬픔을 우리가 대신 표현하는 것도 정말 중요한 일이라고 생각했다. 왬! 시절 우리들 사이에는 강한 동료애가 있었다. 우리 넷은 마치 가족 같았다. 남은 세 사람이 함께 있는 것을 보고 모든 사람들이 그들도 한때 우리의 가족이었음을 기억했다. 왬!이 우리 세 사람에게 중요한 의미였던 것처럼, 모두에게도 그만큼 소중했다. 우리는 조지가 우리 모두에게 남긴 유산을 기리고 싶다는 마음으로 하나가 되었다.

"2016년 크리스마스에 동시대 최고의 싱어송라이터, 한 시대의 아이콘이자 내 사랑하는 친구 조지 마이클이 떠났습니다. 하늘의 빛나는 별들 가운데에서 가장 빛나던 초신성이 빛을 잃은 순간 마치 하늘이 무너지는 것 같았습니다…. 이 시대 음악의 아카이브에 그가 남긴 공적은 영원히 남을 것입니다…. 조지는 그의 노래, 그의 아름다운 목소리, 시처럼 아름다운 표현으로 남은 그의 영혼 안에 자신의 가장 좋은 것을 남기고 갔습니다."

"나는 그를 사랑했고, 우리 그리고 여러분은 사랑받았습니다."

한 달쯤 더 지나서 우리는 노스 런던에서 열린 장례식에 참석했다. 우아하고 절제된, 품격 있는 행사였고 조지의 여동생 멜라니가 조지와 가족들을 대신해 매우 감동적인 답사를 낭독했다. 내가 미처 기대도 못 했던 아름다운 답사였다. 멜라니는 가까운 친구들이 평생 그에게 얼마나 큰 의미였는지 이야기했다. 내가 이전에 참석했던 그 어떤 장례식과도 다른 추모행사였고, 멜라니의 답사는 특히 마음을 울렸다. 하관식을 지켜볼 때는 감정이 복받쳤다. 우리 모두가 돌아가며 그의 관 위에 흰

장미를 던졌다.

그의 죽음이 안긴 고통에도 불구하고, 조지는 오늘도 여전히 내 기억 속에 살아있다. 비극적인 크리스마스 이후 몇 년간, 나는 문득문득 우리의 우정에 대해, 왬!으로 활동하던 어린 시절 함께 했던 시간들에 대해 생각할 것이다. 주변의 많은 것들이 끊임없이 그를 생각나게 한다. 라디오에서 그의 음악이 흘러나올 때, 특히 매년 같은 시기면 어김없이 들려올 '라스트 크리스마스'와 함께 나는 그를 떠올릴 것이다.

가끔 신문을 보다가 어떤 기사 하나가 우리가 함께한 순간들로 나를 데리고 가기도 한다. 그럴 때면 내가 가장 사무치게 그리워하는 것은 어떤 음악이나 대단한 행사도 아닌, 우리의 우정이다. 둘이 바에서 맥주를 마시면서, 무대 뒤에서, 함께 다닌 여행길에서, 그냥 놀러 다니면서 함께 나누던 웃음을 나는 기억할 것이다.

우리 둘만의 시간을.

조지가 온전히 그 자신일 수 있었을 때, 그와 함께 있으면 즐거웠다. 일이 없을 때, 집에 있을 때나 휴일에 편안하고 느긋하게 시간을 보낼 때. 그럴 때의 조지와 많은 시간을 함께할 수 있어서 나는 운이 좋았다. 그와의 사이에 말하지 않아도 서로를 이해할 수 있는, 친한 친구 사이에만 존재하는 믿음이 있어서 나는 운이 좋았다. 분명 조지는 내 인생 최고의 친구였다. 그때 이후 그 어떤 친구와도 그렇게 강한 우정을 키워본 적이 없다. 요그였던 조지를 학교에서 처음 만난 그날 이후 학창 시절 10년 동안 우리는 늘 붙어 지냈다. 학교 안에서도, 학교 밖에서도 함께 배회하고, 함께 음악을 만들었다. 나이가 들수록 그런 종류의 우정을 새로 발견하기가 점점 더 어려워진다는 것을 나는 살면서 알게 되었다.

나는 우리의 우정이 당시 우리 또래의 수많은 아이들 사이의 우정과 전혀 다르지 않다고 생각한다. 단 왬!을 통해서 우리는 성인이 된 뒤에도 우정을 이어갔고, 모든 사람이 우리의 우정을 지켜볼 수 있었다는 점이 다를 뿐이다. 우리의 우정은 사람들의 공감을 얻었다. 우리의 우정을 알아보았고, 자신들의 삶에서도 그런 우정을 열망했기 때문이다. 나이가 들수록 우리가 사는 세계는 서로 달라졌지만, 40년이 지난 후에도 서로에 대해 가졌던 마음의 깊이는 얕아지지 않았다. 그때, 1975년 9월, 게오르기오스 파나요투라는 이름의 *새로운 전학생*은 머리카락은 말을 듣지 않고, 패션 감각은 엉망인, 스스로에 대해 확신이 없는 소년이었다. 수년 후 그가 조지 마이클이 되었을 때, 그와 왬!은 내 삶을 영원히 바꿔버렸다. 이제 내 옆에는 우리가 함께 만든 음악, 유튜브 동영상, 우리 엄마가 잡지에서 오린 사진과 신문 특종 기사로 한가득 만들어 놓은 스크랩북이 남아 있다. 그리고 황금처럼 빛나던 우리 우정의 추억들이 남아 있다.

아주 잠시 동안 왬!은 지구 최고의 밴드였고 팝 음악계의 획기적인 현상이었다. 그리고 그 무엇보다 먼저, 조지와 나는 최고의 친구였다. 함께 히트곡을 만들고, 함께 세상을 보고 인생 최고의 시간을 함께 보낸 두 소년의 우정에서 세상은 사랑, 인생, 그리고 웃음을 보았다.

감사의 말

나의 노력이 결실을 맺는 데 도움을 주신 분들에게 감사드린다.

왜 회고록을 써야 하는지 강력하게 설득해주고 끝까지 함께해 준 존 파울러 미디어의 존 파울러에게 감사드린다. 시종일관 평정심을 잃지 않았던 PFD의 팀 베이츠에게 감사드린다. 잘해야 본전인 일을 훌륭하게 마무리해 준 매트 앨런에게 감사드린다.

펭귄랜덤하우스 마이클 조셉 외 모든 분에게 감사하지만, 특히 이 회고록의 가능성을 믿어 준 루이스 무어, 놀라운 편집의 기적을 보여준 롤런드 화이트와 베아트릭스 매킨타이어, 밝은 기운과 모든 것을 통찰하는 판단력을 보여준 에마 플레이터, 너무나 우아하고 시선을 사로잡는 북커버를 만들어 준 리 모틀리, 전문가답게 이끌어 주고 과하지 않게 작업해 준 로이 맥

밀런, 그리고 한결같이 뛰어난 능력을 보여준 리즈 스미스, 클레어 부시, 클레어 파커, 개비 영, 비키 포티우와 홍보 마케팅 팀원들, 지지와 열렬한 애정을 아끼지 않았던 질 슈워츠먼, 합리적이고 협조적었던 에마 드크뤼즈와 매슈 블래킷, 내내 도움과 지원을 아끼지 않은 제임스 키트와 캐서린 르 리버에게 감사드린다. 러셀즈의 세브 데이비와 스티븐에게 첫 번째 사건에서 보여준 근면함과 무한한 인내, 두 번째 사건에서 보여준 인정사정없는 냉철함에 대해 감사드린다.

피터스 프레이저&던롭의 여러분들, 특히 알렉산드라 클리프, 그리고 해외판권팀과 로라 맥닐에게 감사드린다.

역자 후기

알고 보면, 라스트 크리스마스는 364일!

앤드류 리즐리의 왬! 회고록을 우리말로 출간하자는 출판사 대표의 말에 역자들은 흔쾌히 동의했다. 아니, 당연히 우리가 번역해야 마땅하다고 생각했다. 책에서 앤드류가 왬!의 팬은 대부분 "미성년자 소녀팬들"이었다고 말하는 대목이 있는데, 우리야말로 어려운 록 음악에 심취한 언니오빠들에게 무시를 당하면서 왬!을 좋아했던 소녀팬들이었기 때문이다. 어쩌면, 전세계적으로 천 만장이 팔렸다는 〈메이크 잇 빅〉 앨범의 판매기록에 적어도 3장 이상은 일조했을지도 모른다. 당시 경기도 양주 군부대 근처의 작은 레코드점에서 팔렸던 앨범도 공식 집계에 넣어줬다면 말이다.

왬!의 팬으로서

<웨이크 미 업 비포 유 고고>를 처음 들었을 때가 생생하다. 1985년쯤이었을 게다. 김광한 아저씨가 텔레비전 코미디 프로그램에서 외국 뮤직비디오를 소개하던 코너가 있었다. 하얀 바탕 화면에 흰 티셔츠를 입은 앤드류와 조지가 춤을 추며 등장하던 그 노래는 그때까지 내가 어디서도 보거나 들어본 적 없는 소리와 이미지였다. 이후, 교실에서는 팝을 좋아하지 않던 친구들도 왬!의 화보는 한두 장씩 챙길 만큼 두 사람의 인기는 대단했다. 그런데 우리가 좋아한 지 얼마 되지 않아 밴드 해산 소식이 들렸다. <여학생>을 비롯한 소녀 잡지에서 왬!의 일본 공연과 중국 공연 사진들을 오려 모으며 부러워했는데, 우리나라에는 오지도 못하고 해산해버리다니! 아쉬웠던 기억이 생생하다.

한 번쯤은 다시 재결합 공연을 하지 않을까 막연히 기대하다가 그마저도 잊고, 아니 10대 시절의 일은 왬!만이 아니라 담임 선생님이나 짝꿍들 이름도 다 잊고 살아가던 어느 날, 조지 마이클의 갑작스런 부고를 듣고 놀랐던 팬이 우리만은 아니었을

것이다. 이 책은 아직 듣고 싶은 노래가 더 많았던 왬!의 팬들에게 그 시절을 돌려주는 책이다. 소문으로만 짐작했던 이야기들을 앤드류를 통해 찬찬히 들어볼 수 있음은 물론이고, 어디서도 볼 수 없었던 앤드류가 개인 소장한 왬!의 사진들을 살펴볼 수 있다.

책의 1부에서 어린 시절 두 사람이 어떤 친구사이였는지, 가족과 동네 사람들과 친구들과는 어떻게 지냈는지, 어떻게 왬!을 결성하고 활동을 시작했는지, 우리가 미처 궁금해할 틈도 없었던 이야기들이 흥미진진하게 펼쳐진다면, 2부는 왬!의 본격적인 활동 이후, 궁금했지만 더는 알 수 없었던 이야기들이 자세히 나온다. 조지 마이클은 언제 '게이'라는 성정체성을 알게 되었는지, 앤드류와 친구들은 그것을 어떻게 받아들였는지, 조지가 뮤지션으로 두각을 보이는 동안 앤드류는 어떤 마음으로 왬!을 함께 했는지, 왬!의 해체를 합의하고 헤어질 때의 과정은 어떠했는지, 중국투어와 라이브 에이드 공연은 어떠했는지, 무엇보다 조지 마이클이 세상을 떠난 후 앤드류와 셜리, 펩시는 어떤 마음인지.

이 책의 독자로서

조지와 앤드류는 영국을 대표하는 청춘스타였지만, 조지의 부모님은 그리스 내전 이후 영국으로 이민 온 그리스계였고 앤드류의 아버지는 2차 대전 이후 이집트가 민족주의로 혼란할 때 이민 온 이집트계로 이민 1.5세, 혹은 이민 2세였다. 교외의 작은 도시에서 살았던 두 사람의 어린 시절을 읽다보면 가족과 이웃, 친지들의 활기차고 따뜻한 마을공동체가 느껴지는데, 어쩌면 외국계라는 두 사람의 정체성이 오히려 그 시절 영국 사회의 평범한 사람들을 더 잘 대변해주는지도 모르겠다.

무엇보다 앤드류의 어린 시절은 1960-70년대 영국의 사회복지제도를 짐작하게 하는 이야기가 많이 나온다. 10대 시절 앤드류를 갖고 학업을 중단했던 어머니가 두 아들을 낳고 교원컬리지를 다니는데, 어머니가 공부하는 동안 동생과 무료로 컬리지 수영장에서 놀며 기다렸다는 이야기가 인상적이었다.

본격적으로 왬!이 활동하는 1980년대에 이르면 치솟는 실업률, 가두시위, 탄광노조를 지원하는 기금 마련 자선공연 등 대처(Margaret Thatcher) 시대를 짐작케 하는 여러 사건들이 배경으로 나온다. 사회에 무심한 건 아니었지만 자신들의 음악이 사회적 구호로 받아들여지는 게 한 편으로는 부담스러웠던 앤드류의 마음이 차분하게 펼쳐진다. 무엇보다, 화려하고 과장되고 극단적인 여러 시도가 공존했던 1980년대 팝계에서 대중이 왬!을 소비하는 심리와 이미지에 대해 있는 그대로 반추하며 돌아보는 앤드류의 시선이 인상적이었다. 마치, 두 사람이 살아온 영국사회와 대중음악의 역사가 영화의 OST처럼 회고록 전반에 깔려있는 느낌이랄까.

10대 시절이 오래 전에 지나간 사람으로서

음악을 좋아하는 지금의 10대들이 앤드류의 이야기를 읽었으면 좋겠다는 바람이 크다. 가수가 되고 싶거나 뮤지션으로 활동하고 싶은 친구들에게는 팝이 처음으로 뮤직비디오와 함께 산업으로 작동하던 1980년대의 대중음악 이야기가 도움이 될 것이다. 평범한 교외도시의 두 청년이 팝스타가 되고 싶다는 꿈을 품고 유행하는 여러 음악을 들으면서 우정을 나누는 이야기, 텔레비전과 라디오가 가족과 마을, 학교에서 모든 이들의 화젯거리가 되는 사회분위기는 지금 우리와 비추어보아도 충분히 흥미롭다. 왬!만이 아니라 엘튼 존, 레드 제플린, 퀸, 프린스, 데이비드 보위, 제네시스 등 왬!이 좋아했던 뮤지션들에 대한 추억도 커다란 읽을거리다. 그러나 이게 다가 아니다.

진심으로 읽어줬으면 하는 대목은 '앤드류가 어떻게 2인자의 위치에서 자신의 삶을 살아가는가'이다. 왬!이 성공하려면 친구인 조지가 음악을 주도하는 게 낫겠다고 판단하고 합의한 이후(스스로 작곡에서 아예 손을 뗀 것을 후회하는 대목을 읽었을 때 조지보다 앤드류의 소녀팬이었던 나로서는 많이 아쉬웠다), 쉽지 않았을 텐데 그는 끝까지 조지의 좋은 친구로 왬!의 성공을 위해 최선을 다했다. 그리고 왬!의 해산 이후에는 뮤지션이나 스타가 아닌 개인의 삶을 의연하게 살았다. 앤드류는 영국의 3대 보컬로 엘튼 존과 프레디 머큐리, 조지 마이클을 꼽는다. 그리고 그런 조지가 친구였고, 그가 스타가 되는 과정을 도울 수 있어서 기뻤다고 말한다. 왬!으로 충분히 이루었고 행복했다고 말하는 앤드류의 태도야말로 이 책을 관통하는 핵심이 아닐까. 모두가 조지 마이클이 될 수도 없고 될 필요도 없으니까.

엉뚱한 상상일지 모르겠지만, 기획사 소속으로 혹은 기획사 바깥에서 스타가 되고 싶어 열정을 불태우는 친구들이 앤드류의 이야기를 읽었으면 좋겠다고 생각했다. 어쩌면 앤드류는 "너무 어릴 때 스타가 되었는데 내가 어떻게 살아야 하는지 조언해주는 사람이 아무도 없었다"고 아쉬워했던 이야기를 지금 본인이 직접 해주고 있는지 모르겠다. 자신이 걸었던 길을 걷고 있을 10대들에게.

끝으로, 번역자로서

포털사이트 검색어에 'Last'(라스트)를 치면 자동으로 'Christmas'(크리스마스)가 붙어서 검색된다는 말을 페이스북 댓글에서 읽고 따라해 보았다. 정말 그러했다.

지금 중학생과 초등학생인 나의 조카들은 웸!이 누구인지, 조지 마이클이나 앤드류 리즐리가 어떤 가수였는지 전혀 모른다. 그러나 '라스트 크리스마스'는 가사의 뜻도 모르면서 유치원 때부터 선생님께 배워서 곧잘 따라 불렀다. 이렇게 또 한 세대가 지나면 사람들은 웸!이 누구였는지 까마득히 잊겠지. 조지가 어떻게 세상을 떠났는지, 남아있는 앤드류가 무엇을 회고했는지 아무도 궁금해 하지 않겠지. 그러나 '라스트 크리스마스'만큼은 루돌프 사슴코보다 더 많이 부르는 캐럴로 남지 않을까. 그 먼 훗날, 35년 전의 나처럼 노래를 좋아하는 어느 10대가 이 노래는 언제 어떻게 만들어진 걸까 궁금해 하면서 어느 전자도서관 검색창에서 이 책을 발견하게 된다면 더 바랄 게 없겠다.

좋은 책을 추천해준 마르코폴로의 김효진 대표와 역자들이 번역하는 동안 도와준 가족에게 감사를 전한다. 1부는 김희숙이, 2부는 윤승희가 번역했다. 어느 쪽이 조지고 어느 쪽이 앤드류였는지는 독자들의 상상에 맡기며, 모쪼록 번역하는 동안 우리가 느꼈던 더없이 행복하고 아련했던 마음이 독자들에게 조금은 전해지기를 바랄 따름이다.

2023년 3월 4일,

역자를 대표하여 김희숙 씀

영국 듀오 왬!의 앤드류 리즐리 회고록 <왬!: 라스트 크리스마스>
알라딘 북펀딩에 참여해 주신 독자분들께 감사 드립니다.

Guybrush
JM하쿠나무타타
jununee
Lilstar
wireframe
가람과하람
강병익
강보숙
구진천
권석채
권혜선
김규민
김기만
김미라
김미라
김영정
김진서
김현영
김현주
노성훈
마르코폴로파이팅지노
마폴옆빵집
모영상
문광용
문정일
박경자
박규옥
박미경
박성기
박성수
박재형
브레송
서울외계인
서원덕
손명락
수진시스터즈
심우철
안승훈
에픽루아나
오유
오장훈(복고맨)
유경아
윤은기
이광걸
이덕자
이명규
이시욱
이영민
이완주(James)
이은주
장선우
장향숙
전성아
정민재
정인래
정지혜
정헌영
정효재
조지마이클RIP
진용주
채영호
최대림
최수정
최영철
최원종
퍼플홀릭
허승엽
허주영
홍승범
화이트퀸

왬! 라스트 크리스마스

1판 1쇄 찍음 2023년 4월 30일

지은이 앤드류 리즐리
옮긴이 김희숙 & 윤승희
편집 김효진
교열 황진규
디자인 위하영
펴낸곳 마르코폴로

등록 제2021-000005호
주소 세종시 다솜1로9.
이메일 laissez@gmail.com

ISBN 979-11-92667-15-7(03670)